作为“分层”的增强现实叙事学

The Stratification of Augmented Reality Narratology

陈焱松　著

中国国际广播出版社

本书系中央高校基本科研业务费专项资金资助项目“智能媒体时代中国文化对外传播叙事策略与效果研究”（项目编号：123330009）阶段性成果。

推荐语

面向当今各类新兴数字媒介的空间介入，形成了真实与虚拟共存共生的叠加场景，亟须推动相关新媒体艺术领域的空间叙事设计方法、学术理论及评价体系的建立。本书的议题缘起于一次学术组会中关于“增强现实与空间”之间的关系讨论：以后的建筑空间环境是否会统统加上虚拟图层，并被其转化为提供分析、可供操作的即时界面？是否会像三维软件中的素模一样只提供基本模型结构，而增强现实技术则赋予其随时可变换的材质？

作为基于作者博士毕业论文进行迭代调整的学术成果，本书是在真实与虚拟、艺术与科技、空间与媒介等多重交汇点下所展开的深入研究，系统地剖析了增强现实技术在叙事中所彰显的特性。如果从空间与媒介的关系来看，以建筑、景观为代表的实体要素是白盒子，以影像、光影为代表的媒介要素是黑盒子，那么增强空间的研究无疑是灰盒子，它是位于两者之间的叙事问题。本书实际上就是将增强现实叙事放置在与文学叙事、建筑叙事、影像叙事等结构的对比分析之中，揭示了增强现实作为一种“分层”叙事媒介的美学张力，对于探讨新媒体艺术的空间叙事方法具有一定的借鉴意义。

——王之纲（清华大学美术学院信息艺术设计系主任、教授）

作为继虚拟现实之后新的空间范式，增强现实空间是真实空间与虚拟空间叠加的连续统一体，打破了真实与虚拟、公共与私人、历史与现代之间的壁垒，建立了一种新型的“拟态环境”。本书以“增强现实”为重新理解空间的新框架，重点讨论了增强现实技术在沉浸诗学与交互诗学之间所形成的间性结构，并由此尝试建立基于叙事三分法的增强现实本体叙事体系，其研究成果具有一定的理论意义和应用价值。

本书基于增强现实媒介所表现出的未来可能性，聚焦增强现实的叙事理论，试图将单纯的增强现实技术转化为数字设计工具，并综合研究建筑空间叙事、电影叙事、戏剧叙事、虚拟现实与叙事等理论，完成叙事模型的搭建，引入增强现实实证设计的叙事策略的研讨。该选题具有问题意识和前沿性，同时注重理论和实践相结合。

——周雯（北京师范大学艺术与传媒学院数字媒体系主任、教授）

前言　增强空间的“分层”观点

新媒体等概念诞生以来，对互联网、虚拟社区、智能手机等虚拟媒体的强化，使现代人成为孤岛。所有的个体就像身处柏拉图的“洞穴之喻”，逐渐与真实世界关系疏远。在这样的背景下，实体空间被赋予越来越多的含义，甚至成为一种重要的新型媒体。西南大学黎杨全教授在《移动媒体、定位叙事与空间生产》一文中提出了“从虚拟现实到增强现实”的空间回归。他认为，我们应该让个体从虚拟世界返归现实空间，并走向增强现实的世界，从而试图挖掘现代同质化城市空间背后的故事，让空间成为一个“地方”。与此同时，伴随位置媒介的兴起及技术媒介具身化趋势的增强，增强现实技术使人类感知空间的方式发生了深刻的变化，即由前虚拟现实时代的“纯粹现实”到虚拟现实时代的“纯粹虚拟”，再到增强现实时期的“虚实结合”，当今世界俨然成为虚拟与现实不断耦合的空间场。

本书的研究开始于“增强现实技术”本体向现实世界延伸所带来的恐慌，即正如杰伊·大卫·博尔特等人推测，计算机界面也许会逐步消失，被增强现实所替代，使整个空间世界被转化为电脑窗口界面。也就是说，如果虚拟现实遵循的是“视网膜就是屏幕”，那么增强现实宣称的是“世界就是屏幕”。实际上，我们可以预想到更为极端的情况：以后的建筑空间环境是否会统统加上虚拟图层，并被其转化为提供分析、可供操作的即时界面？是否会像三维软件中的素模一样只提供基本模型结构，而增强现实技术则赋予其随时可变换的材质？当然，这种极端的未来世界实际上挑战着增强现实的技术伦理，也在某种程度上印证了增强现实技术作为“未来媒介”的属性。绝大多数证据表明，未来的增强现实概念大多被视为是积极的且实际的，能够使人们获取更多的知识，能够扩展人的能力，能够改变空间生产方式。

当然，在大量的学术文献、实证案例及产品应用等方面，关于“增强现实”的研究大多将其定义为一种“可视化工具”，较少将其理解为“虚实共生”的叙事空间。列夫·马诺维奇（Lev Manovich）在文章《增强空间的诗学》中界定了“增强空间”。他认为增强空间是覆盖着动态变化信息的物理空间，这些信息可能呈现多媒体的形式，并且通常针对每个用户进行在地化的生产。也就是说，从虚拟的角度来看，增强空间具备“媒介图层”的特点，其中部分媒介内容与电影、电视、动画、图片、文字等类似，具备媒介叙事的特性；从实体角度来看，增强空间具备“空间图层”的特点，所有的媒介内容实际上是依附建筑、景观等实体环境而存在的，具备空间叙事的特性。

因此，本书持有的观点是：伴随位置媒介的兴起及技术具身化趋势的加强，增强现实技术使人类感知空间的方式发生深刻变化，建立出新型的“拟态环境”，即一种被增强的空间。在增强现实概念及其支持技术的发展下，它为文本、图片、音频和视频等表现技术的融合提供了新的平台，可以在不改变现有物质环境的基础上，重新叠加虚拟的信息图层，从而以“分层”（Stratification）的方式创造出新的空间关系、空间体验及空间叙事。基于增强现实媒介所表现出的未来可能性，本书沿着从技术到媒介、从媒介到叙事、从叙事到设计的思维路径，重点探讨了增强现实的媒介属性、增强现实的叙事理论、增强现实叙事的设计逻辑等重点议题。

第一个议题是增强现实的媒介属性。本书第二章、第三章从“媒介考古”的角度，将增强现实的媒介发展历程界定在玩具、镜子和艺术三个阶段；重新阐释了增强现实技术背景下“媒介”与“空间”之间的关系，认为“空间的再媒介化”是增强现实技术实现认知转向的核心理念基础；提出了增强空间的定义，将其特点划定为空间的重叠性、视觉的透明性和互动的弥漫性。

第二个议题是增强现实的叙事理论。本书第四章、第五章以“增强现实”为重新理解“叙事”的框架，着重讨论了增强现实技术在沉浸诗学与交互诗学之间所形成的间性结构。此后，回到叙事学的本源，由表层的叙事交流模式和里层的叙事三分法，建立了增强现实媒介的间性叙事逻辑，提出了外层叙事、中层叙事与内层叙事三个理论路径。

第三个议题是增强现实叙事的设计逻辑。本书第六章通过将真实空间的“现实域”与数字媒介空间的“虚拟象”相互叠加，从而形成增强现实空间的“叠加态”，进而实现从真实的“人–物–场”向增强的“人摹–物摹–场摹”的要素转译，最终经由外层叙事、中层叙事、内层叙事及混合叙事的逻辑生成，实现了从“空间”到“地方”的叙事转向。

我要感谢清华大学美术学院信息艺术设计系的王之纲教授，他最早让我意识到了本书选题的意义和价值，同时不断在各个阶段支持我以全新的视角来探索增强现实这一媒介技术。感谢北京师范大学艺术与传媒学院数字媒体系的周雯教授、张伦教授为本书的出版提供支持；感谢中国传媒大学的刘晓希副教授，她在文章逻辑的建构上为我提供了重要的建议。此外，感谢本书的责任编辑霍春霞老师及其他参与本书编校与排版的老师，他们对本书的细致编校，让我意识到书籍背后的庞杂而不可见的复杂工作。

感谢孔玲珑律师为本书提供知识产权的相关援助。此外，特别对本书的图表版权情况进行说明。第一类，与作者取得联系，并得到同意“使用”的回复，诸如图 2-5、图 3-6、图 3-8、图 3-9、图 3-10、图 3-11、图 4-1、图 6-7、图 6-8、图 6-10 等。第二类，对论文图表的引用，已注明出处，诸如图 1-1、图 1-5、图 1-8、图 1-9、图 1-10、图 5-1、图 5-3、图 5-4、图 5-6、图 5-8、图 5-9、图 6-12 等。第三类，来源于公开版权网站，包括 Unsplash、Pixabay、MoMar 等，已注明出处，诸如图 2-1、图 2-2、图 2-4、图 3-7、图 5-10、图 5-11、图 6-1、图 6-3、图 6-6、图 6-9、图 6-11 等。第四类，来源于维基百科共享资源库，网页已说明此类型图片为公开版权图片，无版权问题，诸如图 1-4、图 3-3、图 3-4、图 3-5、图 6-14、图 6-15 等。第五类，已进入共有领域的图片，诸如图 3-1、图 3-2 等。

目　录

第一章

增强现实的概念建构

Conceptual Construction of Augmented Reality

第一节　重思增强现实的本体概念

1968 年，哈佛大学计算机图形学领域的专家伊万·萨瑟兰（Ivan Sutherland）首次提出一套基于半反射光学透射技术的头戴式显示器（HMD）。这一创新成果被命名为“达摩克利斯之剑”（The Sword of Damocles）。这个装置引领了一个新时代的到来，使用户能够在头盔中同时观察到计算机生成的图像和真实世界的场景，仿佛两者交织在一起，为人们提供了前所未有的体验。但是，这套装置并没有重点区分“增强现实”与“虚拟现实”，而是将两个系统整合在一起，使其既是一个虚拟现实装置，又是一个增强现实装置。随着产业界和学术界对增强现实和虚拟现实的理论与实践的深入研究，相关概念逐渐变得更加清晰。人们开始意识到增强现实和虚拟现实虽然有一定的相似之处，但在本质上是两种不同的技术和应用模式。这种澄清有助于进一步推动增强现实和虚拟现实领域的发展，为未来的创新和突破打下坚实的基础。

增强现实与增强虚拟

早在 1994 年，保罗·米尔格拉姆（Paul Milgram）和岸野文郎（Fumio Kishino）在《混合现实的视觉显示分类》一文中提出了“现实 – 虚拟连续统一体”概念，即从现实到虚拟的过渡进程包含了“真实世界 – 增强

现实 – 增强虚拟 – 虚拟世界"四个逻辑层次。[1] 依据相关的虚拟程度，真实世界（Real Environment）代表现实的物理空间；增强现实（Augmented Reality，简称AR）是把计算机合成的虚拟元素投射到物理空间中，并且可以与人产生互动；增强虚拟（Augmented Virtuality，简称AV）是为虚拟空间增加现实元素；虚拟世界（Virtual Environment）则是利用感官与心理错觉，把人的主观意识带入一个由计算机合成的虚拟世界。如图 1-1 所示，在"现实 – 虚拟连续统一体"概念中，位于两端的真实世界与虚拟世界较容易理解，而位于中间的增强现实与增强虚拟则需要进一步辨析。

图 1-1　现实 – 虚拟连续统一体[2]

从本质上来看，位于两端的真实世界与虚拟世界在计算机的生成中相互混合，从而诞生出增强现实与增强虚拟两个中间概念，并可以依据真实与虚拟的混合比例来加以区分。也就是说，增强现实以现实空间为立身之所，旨在将虚拟客体合成到现实空间之中；增强虚拟则是基于虚拟空间而言的，旨在将现实要素投射到虚拟空间之中。例如，特效相机软件Snapchat中的镜头贴图在人脸的基础上叠加各类"虚拟贴纸"，是典型的"增强现实"；几乎所有三维软件中的真实材质贴图均是利用现实图像去增强一个模型的可信程度，是典型的"增强虚拟"。又如，故宫博物院的"V 故宫"通过VR 的方式还原故宫的部分建筑场景。其中在灵沼轩的虚拟建筑中分布有莲花的按钮，点击之后会出现实景照片，即在虚拟场景中利用真实的现场

① MILGRAM P，FUMIO K. A taxonomy of mixed reality visual displays［J］. IEICE transactions on information and systems，1994，77（12）：1321-1329.

② 资料来源：MILGRAM P，FUMIO K. A taxonomy of mixed reality visual displays［J］. IEICE transactions on information and systems，1994，77（12）：1321-1329.

元素对场景进行增强，也是一种“增强虚拟”（见图 1-2）。

图 1-2　“V 故宫”游戏中灵沼轩的虚拟建筑复原[①]

增强现实与混合现实

根据“现实 – 虚拟连续统一体”的概念，本章厘清了增强现实、虚拟现实（VR）与混合现实三者的关系图谱。如图 1-3 所示，增强现实、虚拟现实与混合现实等技术共同组合了扩展现实（Extended Reality，简称XR）的整体概念。从局部来看，增强现实概念与虚拟现实概念位于“现实 – 虚

① 截图来源：https://www.dpm.org.cn/vr/lingzhaoxuan/south.html。

拟连续统一体”的不同位置，展现了对技术与环境的不同理解。增强现实和虚拟现实都是在计算机图形学的视野下，综合运用人机交互技术、多媒体技术、传感技术、三维建模、网络技术等，从而实现计算机对环境的多感知模拟（包括视觉、听觉、触觉、嗅觉、味觉），只是增强现实更加强调基于实时跟踪、三维注册等虚拟信息与真实世界的融合技术。混合现实概念则是将真实世界和虚拟世界混合在一起，从而实现新的可视化环境，使环境既包含物理信息，又包含虚拟信息，是增强现实、增强虚拟、虚拟现实等概念的集合。

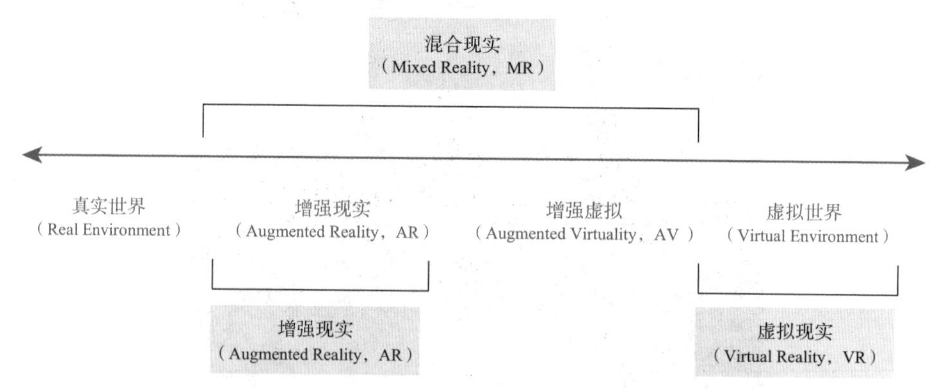

图 1-3　基于“现实 – 虚拟连续统一体”绘制的“增强现实、虚拟现实与混合现实”的关系图

因此，本书认为，从更长远的角度来看，混合现实的相关概念应该在虚拟现实技术与增强现实技术都较为成熟与稳定的基础上进行界定。目前，扩展现实业界的关于“混合现实”的概念界定都较为片面，只展现其概念源流的一部分。

其他的概念视角

1. 理论的视角：从虚拟现实到增强现实

位置媒介的兴起及技术媒介具身化趋势的增强为增强现实带来全新的技术生产背景。它不断影响着人类感知空间的方式，由前虚拟现实时代的

“纯粹现实”到虚拟现实时代的“纯粹虚拟”，再到增强现实时期的“虚实结合”，从理论视角展现出空间转向的表征。华中科技大学教授袁艳在译著《媒介与传播地理学》中对这种“虚实结合”转向进行了思考。她认为“电子地图、位置媒体带来了更大程度的虚实互嵌，表征和行为互相建构，绘图和导航合二为一”[①]。在位置媒体产生之前，真实世界与虚拟世界、表征与行为、绘图与导航都是分离的。我们可以想象航海水手的日常工作。水手们拿着事先准备好的航海地图进行航行，同时他们每次航海出行之后，会把实际情况反馈给制图学家，不停地更新地图的数据。但是，这样的过程实际上造成了一种地图的信息差，导致水手们每次出行都拿着之前的旧地图，造成体验与导航之间的信息不对等。位置媒体产生之后，新的技术媒介使绘图的过程与导航的过程合二为一，绘图的过程就是导航的过程。我们可以想象扫地机器人的工作过程。扫地机器人在室内一边搜集信息绘制自我的认知地图，一边根据地图进行导航，完成扫地的行为。

作为现实世界的一种增强体验，增强现实是一种实时地计算影像位置、角度，并加上相应图像的技术，是一种将真实世界信息和虚拟世界信息“无缝”集成的新技术。[②] 有学者认为，增强现实技术可以定义为具备三个基本功能系统，即真实世界和虚拟世界的组合，实时交互、虚拟物体和真实物体的精确 3D 配准。[③] 因此，要实现这类“无缝”的艺术，需要不同方向的媒介与技术进行迭代。因此，对虚拟空间与现实空间的再反思，实际上引导着相关的理论研究从虚拟现实向增强现实的回归，即增强现实和虚拟现实都改善着我们的现实世界，但是增强现实让我们接近现实，虚拟现实则让我们远离现实。

---

① 亚当斯. 媒介与传播地理学［M］. 袁艳，译. 北京：中国传媒大学出版社，2020：1-12.

② 王涌天，陈靖，程德文. 增强现实技术导论［M］. 北京：科学出版社，2015：4.

③ WU H K，LEE W Y，CHANG H Y，et al. Current status，opportunities and challenges of augmented reality in education［J］. Computers & education，2013，62（2）：41-49.

2. 空间的视角：建筑学研究的虚拟化转向

当更多的数字技术进入并支持各类建筑空间的生产实践之后，建筑学领域必须认识到实体空间之外的数字化空间也是其职责范围的一部分，并需要不断更新其设计实践，以适应新的技术挑战。在这样的背景下，当代的建筑学研究不断对原有的“静态”概念进行反思，出现了动态化转向的新趋势，并致力于探索建筑设计的边界，实现一个更动态和互动的建筑空间类型，反映时代精神。

第一，一部分学者致力于通过动态的、可移动的、灵活的建筑结构、几何图形与建筑组件来实现动态建筑，以响应周围的环境。其中包括响应式体系结构（responsive architecture）、适应性体系结构（adaptive architecture）和表现性体系结构（performative architecture）等。马尔科姆·麦卡洛（Malcolm McCullough）提出，“建筑越来越具有过程性的特征，新兴技术带来的机遇，以及建筑实践中对变化的需求”①。当然，在过程与关系的视角转向中，技术的发展同时引起人们将设计成果作为持续性能而非人工制品的趋势，并致力于将注意力从对象转向赋予它们意义的过程和关系。这些著名的关键词包括“从摇篮到摇篮”（cradle to cradle）、“软建筑”（soft architecture）、“临时建筑”（ephemeral architecture）等。

第二，另一部分学者致力于通过信息、通信、新媒体等技术手段丰富动态建筑的信息表达，以满足信息时代需求的体系结构取代传统的模拟体系结构，从而形成一种与周围建筑环境相连接的交互式建筑，抑或是虚拟信息和真实环境混合的“未来异质建筑”（heterarchitecture of the future）。奥雷·伯曼（Ole Bouman）认为，“异质建筑”是真实与虚拟之间的真正界面，是一个动态的开放空间，一个可能平台（enabling platform）。② 弗拉赫

① MCCULLOUGH M. Digital ground：architecture，pervasive computing，and environmental knowing［M］. Cambridge，Massachusetts：The MIT Press，2004.

② FLACHBART G，WEIBEL P. Disappearing architecture：from real to virtual to quantum［M］. Basel：Birkhäuser，2005：258-263. 注：本书为论文合集，奥雷·伯曼为本书其中一篇论文的作者。

巴特等人则认为，“异质建筑”实际上是一个新的混合现实环境，混合了电子、物理和社会，使可见和不可见、在场和缺席成为其主要的特质。[①]

第三，再一部分学者则聚焦对建筑本体之外的影响，尤其是关注建筑的参与者（包括居民与建筑师）从物质性走向技术性的过程。这样的例子包括：威廉·J. 米切尔提出了“人们作为电子人参与数字化、网络化场所的理解”[②]；哈拉维从女权主义的角度研究了动物与机器之间的鸿沟；海尔斯等人对“后人类”概念的若干探讨；库兹韦尔从遗传学等角度提出了纳米技术和机器人技术在新的混合体中融合的愿景。此外，伴随以信息通信技术和新媒体为支撑的信息流对日常生活的极大改变，建成环境、城市公共空间与私人空间等绝大多数空间都配备了传感器和显示设备，辅助人们快速获取数字信息；各种小型移动设备不断加速技术供给，使其与人的具身结合程度更加紧密。因此，面对人类生活方式的转变，建筑环境需要支持这些新的交流和生活方式，从而通过数字信息来增强物理空间。在这样的基础上，“建筑师越来越少关注区分物理和虚拟，而越来越多地探索超越空间、形式和审美的传统边界，重新定义真正构成空间、建筑和事件的东西”[③]。也就是说，增强现实技术对于建筑而言，实际上是通过在传统静态的三维空间中添加事件和互动，从而使建筑师的设计结合了时间和空间，创造了新的四维空间体验。

3. 政策的视角：体验业态、行业协会与国际会议

党的十九大为坚定文化自信、发展中国特色社会主义文化指明了前进方向。习近平总书记在报告中明确提出，要“推动中华优秀传统文化创造

① FLACHBART G，WEIBEL P. Disappearing architecture：from real to virtual to quantum［M］. Basel：Birkhäuser，2005：8.

② MITCHELLl W J. Me++：the cyborg self and the networked city［M］. Cambridge，Massachusetts：The MIT Press，2003.

③ FLACHBART G，WEIBEL P. Disappearing architecture：from real to virtual to quantum［M］. Basel：Birkhäuser，2005：236-247.

性转化、创新性发展”[①]。历史文化空间作为中华传统文化的物质载体，其活力再生的本质也是对社会主义文化的创造性转化与创新性发展。以北京为例，《北京城市总体规划（2016 年—2035 年）》在第七条“文化中心”建设中提出，北京要建设成为社会主义物质文明与精神文明协调发展，传统文化与现代文明交相辉映，历史文脉与时尚创意相得益彰的中国特色社会主义先进文化之都。其中，将历史文脉与时尚创意的结合深刻体现了新媒介技术对于传统文脉空间的转化作用。[②]

此外，重庆市住房和城乡建设委员会于 2020 年发布了《重庆市主城区“两江四岸”公共空间建设设计导则（试行）》（简称《导则》）。该《导则》明确提出，要鼓励在活动场地中采用增强现实技术，提供虚拟场景、虚拟活动的智能体验。[③]2020 年 11 月，文化和旅游部印发《文化和旅游部关于推动数字文化产业高质量发展的意见》（简称《意见》）。该《意见》指出，要发展沉浸式业态，引导和支持虚拟现实、增强现实、5G+8K 超高清、无人机等技术在文化领域应用，发展全息互动投影、无人机表演、夜间光影秀等产品，推动现有文化内容向沉浸内容移植转化，丰富虚拟体验内容。[④]

除了创新体验与新型业态，增强现实领域也出现了众多国际会议（IEEE 混合与增强现实国际研讨会、增强现实世界博览会、中国主办的世界虚拟现实产业大会等）、行业协会（国际增强现实协会、中国的深圳市增

① 习近平在中国共产党第十九次全国代表大会上的报告［EB/OL］.（2017-10-28）［2022-05-20］. http://cpc.people.com.cn/n1/2017/1028/c64094-29613660.html.

② 中共中央 国务院关于对《北京城市总体规划（2016 年—2035 年）》的批复［EB/OL］.（2017-09-27）［2022-05-20］. http://www.beijing.gov.cn/zhengce/zhengcefagui/201905/t20190522_60512.html.

③ 重庆市住房和城乡建设委员会关于印发重庆市主城区“两江四岸”公共空间 建设设计导则（试行）的通知［EB/OL］.（2020-04-24）［2022-05-20］. http://zfcxjw.cq.gov.cn/zwgk_166/zfxxgkmls/zcwj/qtwj/202004/t20200424_7186802.html.

④ 文化和旅游部关于推动数字文化产业高质量发展的意见［EB/OL］.（2020-11-18）［2022-05-20］. http://www.gov.cn/zhengce/zhengceku/2020-11/27/content_5565316.htm.

强现实技术应用协会等）、企业报告［中国信息通信研究院、华为技术有限公司、京东方科技集团股份有限公司联合编写的《虚拟（增强）现实白皮书》等］等，它们共同推进增强现实的研究广度与深度。

第二节　增强现实的文献综述：技术、设计与叙事

技术的综述

增强现实技术的早期研发诞生于军事领域的飞行需求。二战期间，英国皇家空军面临难题：在夜空中执行任务时，既要留意雷达、侦察敌情（黑暗中难以靠肉眼察觉敌机的接近），又要注目前方准备射击。因此，1942 年，英国军方成功研制出一款能将雷达图像投射在前挡风玻璃上的显示器，即将雷达的矢量图形放置于飞行员的视野中，既用于提供导航及飞行信息，也用于定位、瞄准目标等战斗用途。[①]

1965 年，哈佛大学计算机图形学领域的专家伊万・萨瑟兰发表了论文《终极显示器》（*The Ultimate Display*），提出计算机可以控制物质存在的房间，同时用户能够在房间中与虚拟环境进行交互。1968 年，他与同事开发出一套半反射光学透射技术头戴式显示器，使用户可以同时看到计算机生成图形和现实世界场景。此后，这套名为"达摩克利斯之剑"的装置成为"增强现实"与"虚拟现实"的鼻祖。根据两位AR 研究专家的说法，"萨瑟兰使用了半镀银镜子作为光学组合器，允许用户同时看到阴极射线管反射的计算机生成图像和房间里的物体，同时为了给人一种置身于虚拟世界的错觉，计算机生成的图像需要根据用户的头部运动进行更新。在测量系统

① AZUMA R T. A survey of augmented reality［J］. Presence：teleoperators & virtual environments，1997，6（4）：355-385.

中用户头部的位置时，萨瑟兰还使用了机械和超声波头部位置传感器，以确保真实环境和图形覆盖的正确注册”[①]。但是，限于当时计算机图形学的理论背景及思维定式，相关技术领域并未提出与增强现实相关的完整定义，只是做出了初步的探索。

直到 1990 年，美国空军实验室开发的“虚拟设备”（Virtual Fixtures）系统（见图 1-4），用于为用户提供身临其境的混合现实功能性体验。[②]此后，波音公司研发人员汤姆·考戴尔（Tom Caudel）及其同事首次提出“增强现实”的概念。在《增强现实：用于人工制造流程的头戴式显示器应用技术》一文中，他们提出了具体设想：一种头戴式显示器集成了头部位置追踪、物理对象－虚拟图形匹配（registration）两大技术，能够将虚拟图形叠印、固定在需要作业的对象之上，相当于预先绘制了操作路径，从而有助于操作精准度的提升。[③]

图 1-4　美国空军实验室开发的Virtual Fixtures 系统[④]

① BIMBER O. Spatial augmented reality［C］//IEEE/ACM international symposium on mixed & augmented reality. New York：IEEE，2004.

② ROSENBERG L B.Virtual fixtures：perceptual tools for telerobotic manipulation［C］//Proceedings of IEEE virtual reality annual international symposium. New York：IEEE，1993：76-82.

③ CAUDELL T P，MIZELL D W. Augmented reality：an application of heads-up display technology to manual manufacturing processes［C］//Hawaii international conference on system sciences. New York：IEEE，1992.

④ 图片来源：https://commons.wikimedia.org/wiki/File:Virtual-Fixtures-USAF-AR.jpg。

与传统虚拟现实技术所要达到的完全沉浸感效果不同，增强现实技术强调对现实世界的增强体验，即一种实时地计算摄影机影像的位置及角度并加上相应图像的技术，是一种将真实世界信息和虚拟世界信息“无缝”集成的新技术。如图 1-5 所示，奥利弗・比姆伯（Oliver Bimber）和拉梅什・拉斯卡尔（Ramesh Raskar）等人也提出了增强现实的积木系统（building blocks），即增强系统的主要组件包括跟踪和注册、显示技术、呈现、交互设备和技术、表示、创作、应用程序和用户等，同时将其划分为四个主要图层，使位于上层的块对终端用户来说更容易看到，而位于下层的块是程序制定者必须关注的基础。[①]

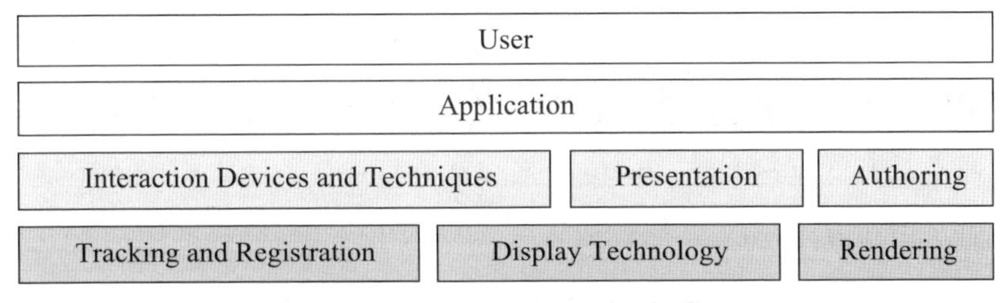

图 1-5　增强现实的积木系统[②]

美国北卡罗来纳大学罗兰德・阿祖玛（Ronald Azuma）对增强现实技术的基本功能的定义被广为征引。罗兰德・阿祖玛认为，AR 系统有三个主要特征：虚拟与现实相融合、实时交互、三维注册，即虚拟内容在三维空间中的追踪定位。[③] 基于这三个主要特征，AR 运用又可以具体分为不同的

① BIMBER O，RASKAR M. Spatial augmented reality：merging real and virtual worlds［M］. Wellesley，Massachusetts：AK Peters，2005.

② 资料来源：BIMBER O. Spatial augmented reality［C］//IEEE/ACM international symposium on mixed & augmented reality.［S.l.］：ACM，2004.

③ AZUMA R T. A survey of augmented reality［J］. Presence：teleoperators & virtual environments，1997，6（4）：355-385.

技术组件，包括显示技术、定位技术、注册技术和校准技术等。[①]AR 可以直观地理解为“叠印”（overlap）在现实图景之上的虚拟“图层”（layer），包括但不限于文字、图形（含 3D 图形）、视频。常见设备包括头戴式显示器、AR 眼镜、视频投影仪、手持移动设备（如智能手机、平板电脑）等。

按照法国雷恩大学科尔特斯（Cortes）等人的定义，目前共有三种用于在实际空间中显示虚拟内容的增强现实技术。[②] 第一种技术是视频透视增强现实[③]（Video See-Through AR，简称VST-AR），即在常规视频流上添加虚拟信息。该系统大多搭载于手持智能设备、头戴式显示器。其中手持智能设备通常不适合与手直接交互，而头戴式显示器则对延迟敏感。目前，视频透视增强现实最简单易用，也是最普遍和最经济实惠的主流技术。第二种技术是光学透视增强现实（Optical See-Though AR，简称OST-AR），即在接近眼镜的半透明屏幕上显示虚拟内容，以便可以直接查看现实世界。该系统通常具有低延迟、精确定位、强交互等特点，但是在空间上不适合大型视野（Field-Of-View，简称FOV），在应用上也不符合多用户交互。目前，使用该系统的包括Microsoft HoloLens 等。第三种技术是空间增强现实（Spatial Augmented Reality，简称SAR），即通过投影映射在实际物理表面上进行匹配。该系统可实现更广阔的视野，减少延迟，并能够与其他人共享体验。但是由于投影仪限制了设备的移动性，其通常是静态的，在直接交互方面受到了限制。

要实现这类“无缝”的艺术，需要多维度媒介技术的发展与迭代。基

① AZUMA R，BAILLOT Y，BEHRINGER R，et al. Recent advances in augmented reality［J］. Computer graphics and applications，2001，21（6）：34-47.

② CORTES G，MARCHAND E，BRINCIN G，et al. MoSART：mobile spatial augmented reality for 3D interaction with tangible objects［J］. Frontiers in robotics and AI，2018，5：93.

③ MOHRING M，LESSIG C，BIMBER O. Video see-through AR on consumer cell-phones［C］//Third IEEE and ACM international symposium on mixed and augmented reality. New York：IEEE，2004：252-253.

于相关的技术概念与技术方法，出现了微软的HoloLens、谷歌的Tango，还有Magic Leap 等增强现实设备，以及AR core、AR kit 等增强现实技术平台。但是，目前的各类增强现实技术都有各自的局限性，仅能展现增强现实叙事中的部分内容。此外，伴随“元宇宙”等新兴概念所引发的扩展现实的技术浪潮，增强现实技术的开发深度与广度也是我们需要持续关注的。因此，从技术的角度来看待增强现实，本章所持的核心观点主要是：所谓纯粹的增强现实叙事概念是去技术化的，不是针对现有增强现实技术的阶段性的探讨，而是基于对未来增强现实技术可能性的探讨。

设计的综述

基于在中国知网、谷歌学术、ProQuest 等文献平台的调研，目前与增强现实相关的设计研究，大多延续其诞生以来的技术路线，即通过虚拟元素被叠加或融合到现实场景中，通过各种显示设备（如头戴式显示器、智能手机或平板电脑）呈现给用户，以提供丰富的交互体验和增强的现实感知。增强现实设计的核心目标是丰富和增强用户在现实环境中的感知和体验，为用户提供各种形式的辅助信息、实时反馈或虚拟模拟，从而扩展他们的感知能力和认知范围。基于设计的方法，增强现实技术常常被定义为一种“数字工具”，包括商业领域的“虚拟试衣”、工业领域的“可视化模型”、新闻行业的“沉浸式新闻”、翻译领域的“增强翻译”、建筑城市规划领域的交互可视化工具等。如图 1-6 所示，建筑规划领域常常把增强现实技术作为测量空间数值的可视化工具；如图 1-7 所示，美国《纽约时报》在多期网络新闻中加入增强现实元素，包括“填字小游戏”“韦伯会看到什么”等。

图 1-6 建筑规划领域中的增强现实测量工具

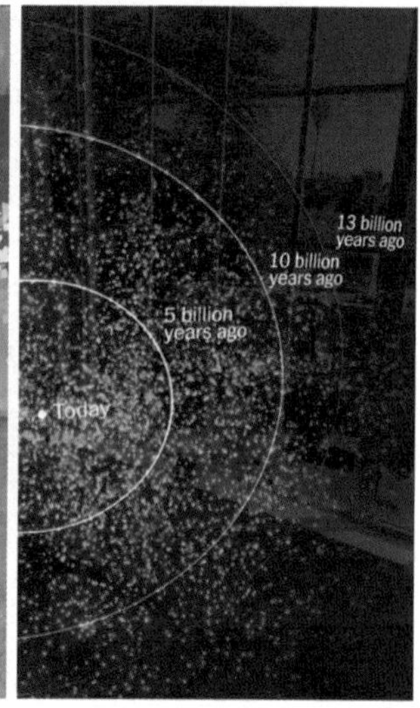

图 1-7 美国《纽约时报》的增强现实新闻：图左为“填字小游戏”，图右为“韦伯会看到什么”

作为一种更加综合性的设计形式，增强现实也运用于历史文化空间的活力再生设计之中。增强现实在历史文化空间的运用，摒除了以往传统物质空间规划对文化历史解读的扁平化趋势，以记忆、叙事与想象等方式重新激活历史文化空间的活力。西安建筑科技大学孔黎明教授等人在《增强现实技术在文化遗产展示中应用综评》一文中将相关研究分为建筑遗址、壁画画作、历史活动事件、历史文化空间、博物馆导览及馆藏文物展示五个类别。[①]

在建筑遗址上，清华大学建筑学院郭黛姮教授等人在科学严谨的历史研究基础上进行实地勘察测绘，带领团队深入挖掘史料，对照样式房遗存图纸、《圆明园四十景图》、《圆明园匠作则例》等档案资料开展研究，进而借助虚拟现实及增强现实技术“恢复”圆明园的历史原貌，完成了对“数字圆明园”的虚拟重建。[②] 如图 1-8 所示，M. 坎恰尼（M.Canciani）等人

① 孔黎明，荣晓曼. 增强现实技术在文化遗产展示中应用综评［J］. 中国文化遗产，2017（2）：62-69.

② 郭黛姮，张越. 再现圆明园［J］. 中关村，2012（11）：40-43.

通过采集号称古罗马千里长城的奥雷利亚城墙遗址（Aurelia city wall）的相关三维数据，同时通过增强现实技术使城墙遗址的虚拟模型与残存的现实场景进行同位置、同角度的叠合。[①] 如图 1-9 所示，德国达姆施塔特工业大学弗劳恩霍夫计算机图形研究所研究员延斯·凯尔（Jens Keil）等人通过增强现实技术将达姆施塔特地标建筑“奥尔布里希之家”（The House of Olbrich）的历史信息进行了艺术可视化，利用旧照片与蓝图的叠加，描绘出这一在第二次世界大战期间被摧毁的建筑。[②]

图 1-8　奥雷利亚城墙遗址的增强现实修复[③]

① CANCIANI M，CONIGLIARO E，GRASSO M D，et al. 3D survey and augmented reality for cultural heritage. The case study of aurelian wall at castra praetoria in rome［C］//The International Archives of the Photogrammetry，Remote Sensing and Spatial Information Sciences，Volume XLI-B5.［S.l.：s.n.］，2016：931-937.

② KEIL J，ZOLLNER M，BECKER M，et al. The house of Olbrich—an augmented reality tour through architectural history［C］//International symposium on mixed and augmented reality. New York：IEEE，2011：15-18.

③ 图片来源：CANCIANI M，CONIGLIARO E，GRASSO M D，et al. 3D survey and augmented reality for cultural heritage. The case study of aurelian wall at castra praetoria in rome［C］//The International Archives of the Photogrammetry，Remote Sensing and Spatial Information Sciences，Volume XLI-B5.［S.l.：s.n.］，2016：931-937.

图 1-9 “奥尔布里希之家”的增强现实可视化[①]

在历史活动与事件上，哈娜·艾弗森（Hana Iverson）与莎拉·德鲁里（Sarah Drury）开发出增强现实作品《场所机制》（*The Mechanics of Place*），使虚拟居民能够重新入住如今已经面目全非的伊斯坦布尔街道。如图 1-10 所示，乔治·帕帕吉安娜基斯（George Papagiannakis）等在庞贝古遗址上通过增强现实技术再现古代人物的活动，参观者透过眼镜可以看到虚拟的

① 图片来源：KEIL J，ZOLLNER M，BECKER M，et al. The house of Olbrich—an augmented reality tour through architectural history［C］//International symposium on mixed and augmented reality. New York：IEEE，2011：15-18.

古代人物在遗址现场生活和劳作。[①] 此外，名为街道博物馆（Street Museum）的手机应用通过增强现实技术在不同地点展示了伦敦几十年前的建筑和街头景象。[②] 罗马尼亚国立艺术大学的乔治乌（Gheorghiu）等人在《以艺术增强考古纪录：时间地图项目》一文中提出一种从考古纪录中唤起往事的复杂性方法。受分形理论启发，这一方法拥有从总体背景到细节的不同水平的扩展，运用增强现实技巧与视觉媒体，以艺术高质量创造混合现实用户体验。本文着眼于移动装置的实验性增强现实应用，研究了罗马尼亚南部Cadastral 村，身处史前定居地的考古合成体。[③]

图 1-10 庞贝古遗址的增强现实再现[④]

① PAPAGIANNAKIS G，SCHERTENLEIB S，O'KENNEDY B，et al. Mixing virtual and real scenes in the site of ancient Pompeii［J］. Computer animation and virtual worlds，2005，16（1）：11-24.

② Museum of London releases augmented reality app for historical photos［EB/OL］.（2010-05-24）［2022-05-20］. https://petapixel.com/2010/05/24/museum-of-london-releases-augmented-reality-app-for-historical-photos/.

③ METRICK-CHEN L. Augmented reality art：from an emerging technology to a novel creative medium［J］. Public art dialogue，2015，5（1）：104-105.

④ 图片来源：PAPAGIANNAKIS G，SCHERTENLEIB S，O'KENNEDY B，et al. Mixing virtual and real scenes in the site of ancient Pompeii［J］. Computer animation and virtual worlds，2005，16（1）：11-24.

综上所述，增强现实的相关设计亟待从数字工具思维走向一种数字叙事思维。从叙事的角度来看，博物馆、出版物、历史文化空间等都成为增强现实叙事的重要场所。瑞典皇家理工大学的研究团队运用信息性设计与叙事性设计两种方法作用于博物馆的增强现实体验，得出结论：基于内容结构的叙事性设计更能增强观众对故事的理解与感知，从而对故事中的角色产生共鸣和同情，激发了游憩者在博物馆中体验的欲望。中国科学技术大学张燕翔等人在《增强现实出版物的叙事设计研究》一文中分析了AR出版物的叙事模式，即在纸质叙事的主体下，融合声音叙事、标题或字幕叙事、2D动画或视频的视觉叙事、3D模型结构的空间叙事等，从而使增强现实叙事与纸质叙事有机统一。[①] 此外，继《口袋妖怪》（*Pokémon GO*）之后，《哈利·波特：巫师联盟》、*INGRESS*、《愤怒的小鸟（AR版）》（见图1-11）等增强现实游戏也开始大规模走入空间之中，将真实空间作为重要的叙事要素。

图1-11 《愤怒的小鸟（AR版）》

① 张燕翔，张伟伟. 增强现实出版物的叙事设计研究［J］. 科技与出版，2018（6）：134-139.

因此，从设计的角度来看待增强现实，本书持有两个核心的观点。其一是基于增强现实技术的相关设计遍布各大领域，呈现出不同的设计方法与叙事理念；其二是增强现实设计的本质终究是一种基于“叠加空间”的分层设计逻辑。从媒介角度来看，它涵盖视觉传达设计、人物设计、动画设计等多种设计类型的具体内容；从空间角度来看，它又必然是空间设计实践的一部分。因此，它总体上具备利用不同的空间层级与媒介框架去扩展空间的叙事功能。

叙事的综述：从空间叙事到互动叙事

叙事学（Narratology）是对叙事、叙事结构及影响人类感知方式的研究。其理论谱系可以追溯到亚里士多德的诗学研究。但现代西方叙事学普遍被认为是结构主义（Structuralism）和俄国形式主义（Formalism）双重影响的结果。目前，就西方叙事学的视野来看，现代西方叙事学普遍被分为经典叙事学和后经典叙事学两大类。其中，20 世纪 60 年代至 80 年代初的“经典叙事学”称为结构主义叙事学，主要以文本为中心，注重文学结构和思维逻辑的序列、内在故事编织的体系以及故事情节的表达方式。其代表学者包括法国的罗兰・巴特（Roland Barthes）、阿尔吉达斯・朱利安・格雷马斯（Algirdas Julien Greimas）、茨维坦・托多罗夫（Tzvetan Todorov）、热拉尔・热奈特（Gérard Genette）等。[①]20 世纪 80 年代中后期以来的跨学科流派则可称为“后经典叙事学”，将单一的文本扩展为叙事作品，并更加注重语境化、跨学科、经验联系等关键词，主要分布在认知叙事学（以戴维・赫尔曼等为代表）、女性主义叙事学（以苏珊・S. 兰瑟为代表）、修辞性叙述学（以詹姆斯・费伦为代表）等流派之中。其中，空间叙事、互动叙事都属于后经典叙事学理论。

① 赵红红，唐源琦. 当代“空间叙事”理论研究的演进概述：叙事学下空间的认知转变与实践［J］. 广西社会科学，2021（3）：74-81.

1. 空间叙事（Space Narrative）

约瑟夫·弗兰克（Joseph Frank）最早将空间与叙事相互嫁接，进而提出“现代文学中的空间形式”。此后，人文哲学及地理学界的学者开始对空间及其相关叙事进行了论述，包括米歇尔·福柯的空间生产、亨利·列斐伏尔的社会空间、大卫·哈维的城市空间思想、迈克·克朗的文学空间理论、爱德华·W. 苏贾的第三空间等。相关的理论合力对传统时空认知进行了突破和超越，形成了一种社会认识论范式的潮流，而空间叙事的出现则是对哲学社会科学领域里“空间转向”的回应。[①] 因此，所谓的空间叙事并不是一个完整的理论路径，而是由多学科、多领域参与的认识范式转向。本书通过理论梳理，将其分为从一维到五维的空间叙事范式。

一维空间叙事是文学角度的空间叙事。它常常以语言、文字为媒介，从故事空间、空间形式和读者感知等方面将空间形式纳入叙事维度，并常常作为最底层的通用符号出现。[②] 除了诸多叙事学家、文学家对空间的概述，加斯东·巴什拉（Gaston Bachelard）在《空间诗学》中提出读者对“空间意象”的现象学体验，强调空间的心理特征；西摩·查特曼（Symour Chatman）基于结构主义叙事学的理念，在其经典著作《故事与话语：小说和电影的叙事结构》中提出“故事空间”和“话语空间”；加布里尔·佐伦（Gabriel Zoran）在《走向叙事空间理论》中提出一种较为完整的叙事空间框架，包含作为静态实体的地志空间、作为由事件与运动链接的时空体空间、作为言语符号的文本空间。东南大学的龙迪勇较早在国内提出建构空间叙事学，并著有《空间叙事学》一书。此外，还出现了董晓烨的《文学空间与空间叙事理论》、陈德志的《隐喻与悖论：空间、空间形式与空间叙事学》、程锡麟的《叙事理论的空间转向：叙事空间理论概述》等文章。

二维空间叙事是图像的空间叙事，主要分布在绘画艺术、摄影艺术、

---

① 王安. 论空间叙事学的发展［J］. 社会科学家，2008（1）：142-145.

② 程锡麟. 叙事理论的空间转向：叙事空间理论概述［J］. 江西社会科学，2007（11）：25-35.

平面设计等领域，以分析作品的平面构图、画面布局为主。18 世纪德国启蒙运动美学家戈特霍尔德・埃夫莱姆・莱辛（Gotthold Ephraim Lessing）在《拉奥孔：论诗与画的界限》（*Laocoon: An Essay upon the Limits of Painting and Poetry*）一书中最早将时间和空间作为区分艺术范畴的媒介，并认为绘画是基于空间的艺术。此后，这种将平面理解为空间的概念遍布艺术史中。例如，著名史论学者巫鸿在其著作《"空间"的美术史》中将"空间"作为美术史的研究方法，探索了主题绘画的政治空间、汉代画像石的位置意义、器物的共生空间、墓葬艺术的影像空间等。

三维空间叙事是建筑的空间叙事，其相关理论主要分布在城市规划、建筑景观等领域。一般而言，建筑空间叙事可以从两个视角介入。其一，从东方的视角来看，强化了古代园林在借景、对景、隔景等手法上所形成的叙事内涵，包括刘启明、董雅的《浅析中国传统园林的空间叙事机制》，谭刚毅的《中国古代小说的叙事结构与传统建筑的空间序列》等文章。其二，从西方的视角来看，主要体现在基于事件序列对空间进行组织与编排。伯纳德・屈米（Bernard Tschumi）在其著作《建筑概念：红不只是一种颜色》中认为空间是一种"诱发事件"，从而将建筑与叙事相互关联。马修・波泰格（Matthew Potteiger）和杰米・普灵顿（Jamie Purinton）在《景观叙事：讲故事的设计实践》一书中将景观看作不断变化的叙事事件，从而将其总结为一种景观空间设计手法。中国的张楠提出了"城市故事论"，从城市故事的角度运用叠加法、空间句法等方法研究城市空间叙事，构筑"物－场－事"的结构模式；陆邵明提出了"场所叙事"，认为空间叙事的核心双重特征是逻辑性和文学性。

四维空间叙事是影像的空间叙事，即形成了一种以时间存在、空间因果为逻辑的空间并置结构，并赋予其成为"时空复合体"（Spatiotemporal Complex）的可能性。相关研究包括焦勇勤的《试论电影的空间叙事》、陈岩的《论电影空间叙事的几种美学倾向》等文章。

五维空间叙事是游戏及戏剧的空间叙事，即在时空复合的前提下，加入戏剧的舞台表演、游戏的具身体验等，使其成为更为复杂的叙事层次。

整体来看，本书所界定的增强现实叙事并不是某一维度的空间叙事，是介于四维的影像空间叙事与五维的游戏空间叙事之间的叙事层级。

2. 互动叙事（Interactive Storytelling）

互动叙事的早期实践可以追溯到20世纪70年代，包括罗杰·尚克（Roger Schank）在西北大学的研究和实验计划“旋转故事”（TaleSpin）[①]等，其后于八九十年代得到了一定的实验性验证。相关定义来自游戏领域的研究者克里斯·克劳福德（Chris Crawford）。他最早试图从游戏概念的角度对其加以解释，但是通过长时间的对比，他提出互动叙事系统不是“纳入了故事元素的游戏”[②]，而是在情节与交互冲突的情况下所实现的互动与故事的过程性融合。

进入21世纪，互动叙事的内涵继续延展，并有诸多国际会议对相关的理论实践工作进行展示，包括先后出现的交互式数字叙事和娱乐技术会议（TIDSE）、虚拟叙事国际会议（ICVS）、交互式数字故事国际会议（ICIDS）等。此外，理论学界涌现出一批专注研究互动叙事的学者。计算机图形学家格拉斯奈（Glassner）著有《21世纪互动叙事技巧》；叙事学者玛丽–劳尔·瑞安（Marie-Laure Ryan）在《故事的变身》《作为虚拟现实的叙事》《作为虚拟现实的叙事2：重思文学与电子媒体中的沉浸感和互动性》[③]等多本专著中聚焦互动叙事学。部分国内学者亦参与其中。关萍萍有博士论文《互动媒介论：电子游戏多重互动与叙事模式》；刘雨晨有硕士论

---

① GARCÍA R，GARCÍA SÁNCHEZ P，MORA A，et al. My life as a sim：evolving unique and engaging life stories using virtual worlds［C］//ALIFE 14：the fourteenth international conference on the synthesis and simulation of living systems. Cambridge，Massachusetts：The MIT Press，2014：580-587.

② 克劳福德. 游戏大师Chris Crawford谈互动叙事［M］. 方舟，译. 北京：人民邮电出版社，2015：39.

③《作为虚拟现实的叙事》《作为虚拟现实的叙事2：重思文学与电子媒体中的沉浸感和互动性》均为暂译名，尚未有中文简体版。

文《“可玩的故事”：电子游戏的互动叙事研究》；徐宇玲有硕士论文《以用户为中心的数字媒体互动叙事研究》；等等。

从现阶段来看，互动叙事在发展过程中常常被限定在某一特定媒介之内，作为某一种媒介的互动叙事样式而存在。例如，暨南大学的施畅在《作为迷宫的互动叙事：冒险故事、分岔情节及多重未来》中将互动叙事分为基于文本的互动小说（interactive fiction）、基于静态图片的视觉小说（visual novel）、基于动态影像的互动电影（interactive movie）以及基于游戏机制的互动电影游戏（interactive movie video game）等类别。[①] 但是，从整体来看，互动叙事依旧是一个正在不断发展的学术概念，其最终目的意在实现一种整体性的动态叙事过程。因此，本书所定义的增强现实叙事既是一种空间叙事，又是一种互动叙事。或者更准确地说，它是两种叙事的联合体。

第三节　三条认知路径

伴随位置媒介的兴起及技术具身化趋势的加强，增强现实技术使人类感知空间的方式发生深刻变化，建立出新型的拟态环境，即一种被增强的空间。在增强现实概念及其支持技术的发展下，它为文本、图片、音频和视频等表现技术的融合提供了新的平台，可以在不改变现有物质环境的基础上，重新叠加虚拟的信息图层，创造出新的空间关系、空间体验及空间叙事。本书基于增强现实媒介所表现出的未来可能性，沿着从技术到媒介、从媒介到叙事、从叙事到设计的认知路径，重点探讨了增强现实的媒介属性、增强现实的叙事理论、增强现实叙事的设计逻辑等具体内容。

① 施畅. 作为迷宫的互动叙事：冒险故事、分岔情节及多重未来［J］. 现代传播（中国传媒大学学报），2022，44（2）：99-104.

从技术到媒介

第一条认知路径是从技术到媒介。本书第二章、第三章基于媒介考古的角度梳理了增强现实的技术概念发展，并由此归纳总结出增强现实媒介的特点。基于媒介环境学派学者保罗·莱文森（Paul Levinson）的观点，对增强现实技术进行了媒介考古的研究，将其媒介发展历程界定为玩具、镜子和艺术三个阶段，并提出目前的增强现实媒介属于从镜子向艺术过渡的中间阶段，亟须利用好空间与媒介结合的叙事路径，建立类似于蒙太奇之于电影一样的本体叙事体系，这样才能实现向艺术阶段的飞跃。本书继续研究如何将空间与媒介进行结合，进而提出从空间的媒介化到媒介的空间化，再到空间的再媒介化的认知转向，认为增强现实技术、GIS 技术等位置媒介对社会空间的新生产实际是作为空间再媒介化的重要范式而出现。在位置媒介的作用下，实体空间的意义不但没有削弱，而且与虚拟空间史无前例地交融在一起，构成了一个更加复杂的空间场景，形成了所谓的“增强空间”。本书对增强空间进行定义之后，提出增强现实媒介可以被理解为“增大化的现实”，而非一种局限在技术领域的媒介，进而将其特点划定为空间的重叠性、视觉的透明性和互动的弥漫性。

从媒介到叙事

第二条认知路径是从媒介到叙事。本书第四章、第五章从“空间”与“媒介”两个观点界定了增强现实的叙事性，并由此提出基于叙事三分法的增强现实叙事模型。本书从“媒介的观点”与“空间的观点”出发，从源流对增强现实媒介的叙事性进行思考，同时借鉴了玛丽－劳尔·瑞安关于“作为世界的文本”与“作为游戏的文本”的对比，从而推论增强现实媒介最大的难点就是如何将沉浸诗学与交互诗学有机结合，从叙事层面实现其媒介调和及美学生长。本书提出需要在两种叙事之间建立一个“间性结构”，实现对两个叙事逻辑的调节，使其从对立走向统一。

因为增强现实的叙事逻辑是复杂的，是介于建筑空间叙事、电影叙事、戏剧叙事、虚拟现实叙事、互动叙事等逻辑理论之间的叙事，所以本书并没有沿用一种成熟的理论路径对增强现实叙事进行界定，而是回到叙事学的本源，在表层结构研究了叙事交流模式，而在里层结构研究了叙事从二分法到三分法的变迁，从而由表及里，建立了增强现实叙事的间性叙事逻辑。具体来说，增强现实叙事包括三个叙事层级，就像玛丽–劳尔·瑞安提出的“洋葱”结构的比喻一样，外层叙事是故事架构之外的叙事，包含沉浸诗学、作为叙述者的受众、空间性行为、“真实空间>虚拟空间”等逻辑；中层叙事是指居于故事架构之间的叙事，包含间性诗学、作为受述者的受众、中介性行为、“真实空间=虚拟空间”（本书提出的“片基空间”）等逻辑；内层叙事是居于故事架构之内的叙事，包含交互诗学、作为人物的受众、媒介性行为、“真实空间<虚拟空间”等逻辑。

从叙事到设计

第三条认知路径是从叙事到设计。本书第六章基于增强现实叙事的分层理论，从认知空间、营造地方、配置互动、生成事件等角度提出了增强现实叙事的设计策略。本书首先沿着“空间”与“媒介”的路径对真实空间的叙事设计要素进行解构，将其分解为具体空间的现实域（真实的人物、真实的物品、真实的场地）和数字媒介空间的虚拟象（语言要素、图像要素、影像要素、声音要素）。然后经由让·波德里亚、翟振明等人的观点引导，提出增强现实的叙事对象就是增强前的事物与增强后的事物之间的对比关系，从而将两个层级进行叠加，实现从真实的“人–物–场”到增强的“人摹–物摹–场摹”的要素转译。

本书第六章还提出具体的叙事设计策略。外层叙事主要实现从“真实的场地”到“增强的场地”的过程，中层叙事主要理解从“真实的物品”到“增强的物品”的过程，内层叙事主要理解从“真实的人物”到“增强的人物”的过程。三种叙事层级实际上指示出三种研究增强现实叙事的路径。此外，本书提出第四种策略，即将三种叙事层级进行不同的组合嫁接（后文提出的行动空间、隐藏故事、辫结结构等），从而使其呈现一种混合叙事的状态。

第二章

“增强”技术的新美学

The New Aesthetics of Augmented Reality

第一节 “空间的再媒介化”的意义建构

作为关系的空间与媒介

空间与时间是社会科学理论研究的两个重要的相对关键词。但是，在相当长的时间内，空间的缺席似乎比时间更为明显，以至于空间仅仅被视为社会关系与社会过程运行其间的、自然的、既定的处所，这样，社会理论空间之纬的缺失就抹杀了地理学想象力。[①]20 世纪 60 年代，法国哲学家米歇尔·福柯（Michel Foucault）发表了题为“不同空间的正文与上下文”（Text/Contexts of Other Spaces）的演讲，宣告了一个空间时代的来临。他指出，“空间以往被当作僵死的、刻板的、非辩证的和静止的东西。相反，时间却是丰富的、多产的、有生命力的、辩证的”[②]。从某种程度来说，“空间转向”成为社会科学理论研究的重要方向。

空间作为一个理论研究的新问题，是设计学、建筑学的问题，是哲学、文学的问题，也是传播学的问题。总体来说，空间作为核心命题的终

---

① 福柯. 权力的眼睛：福柯访谈录［M］. 严锋，译. 上海：上海人民出版社，1997：204-208.

② 福柯. 权力的眼睛：福柯访谈录［M］. 严锋，译. 上海：上海人民出版社，1997：206.

极价值都不约而同地指向了社会关系，而空间也因其社会关系的表征而具备了媒介的属性。如表 2-1 所示，利用媒介环境学派的话语来分析空间与媒介的关系路径，包含哈罗德·伊尼斯（Harold Innis）的“媒介时空偏倚论”，马歇尔·麦克卢汉（Marshall McLuhan）的“声觉空间”“视觉空间”“地球村”理论，约书亚·梅罗维茨（Joshua Meyrowitz）的“消失地域”“在地全球性”理论，保罗·莱文森的“动态地球村”（广播地球村、电视地球村、网上地球村）与三种空间（赛博空间、真实空间、宇宙空间）理论，詹姆斯·W. 凯瑞（James W.Carey）的“传播仪式观”等诸多学术阐释，同时有芝加哥学派（Chicago School）的“有机体理论”，哥伦比亚学派（Columbia School）的“媒介效果”研究及法兰克福学派（Frankfurt School）的“空间权力”研究等传播学脉络的其他分支研究。[①]

表 2-1 媒介环境学派等关于空间与媒介之间的关系路径

代表观点	代表人物或流派
“媒介时空偏倚论”	哈罗德·伊尼斯
“声觉空间”“视觉空间”“地球村”理论	马歇尔·麦克卢汉
“消失地域”“在地全球性”理论	约书亚·梅罗维茨
“动态地球村”（广播地球村、电视地球村、网上地球村）与三种空间（赛博空间、真实空间、宇宙空间）理论	保罗·莱文森
“传播仪式观”	詹姆斯·W. 凯瑞
“有机体理论”	芝加哥学派
“媒介效果”研究	哥伦比亚学派
“空间权力”研究	法兰克福学派

① 本书提出的媒介环境学派的观点整合，部分参考：陈长松，蔡月亮. 技术“遮蔽”的空间：媒介环境学派“空间观”初探［J］. 国际新闻界，2021，43（7）：25-42.

例如，加拿大传播学者伊尼斯首次明确指出媒介具备空间的维度。他认为，传播媒介的性质往往在文明中产生一种偏向，而传播媒介的偏向分为有利于空间上延伸的媒介和有利于时间上延续的媒介，即时间偏向（Time bias）的媒介与空间偏向（Space bias）的媒介。[①] 其中，时间偏向的媒介以石头、碑刻等为代表，易于保存而延长了知识的延续时间，但因其笨重，不适合长距离运输，同时削弱了知识在空间中扩散的可能性，是典型的纵向传播模式。相反，空间偏向的媒介以报纸、广播等为代表，它们轻巧，便于运输，易于在空间上拓展知识传播的广度，但因其缺乏时间的沉淀，往往出现知识深度缺乏等问题，是典型的横向传播模式。因此，偏向时间的媒介是传统的，强调连续性，由其衍变的社会文明往往是社群和谐的，谨守神圣的信仰与道德传统的。空间偏向的媒介则是现代的，强调扩张性，由其衍变的社会文明强调地域的扩张，强调中心对边缘的控制，往往是世俗制度发达，但宗教体制薄弱；科学技术突飞猛进，但社区生活逐渐瓦解；群体制度衰亡，但个人主义盛行。“媒介时空偏倚论”暗含的时空二元论矛盾彰显了伊尼斯对时间的“偏好”，同时指出需要克服空间扩张，来实现时间与空间相互平衡的理想境界。[②] 其媒介的空间化概念主要展现了空间在物理属性上进行远距离传输信息的能力，是一种典型的由媒介技术决定的空间观点。

空间媒介观的三条认知路径

从作为关系的空间与媒介来看，媒介可以建构空间，同时空间也是一种媒介。一般而言，媒介的进化与空间的发展相互重合，使作为关系的空

---

① 伊尼斯. 传播的偏向［M］. 何道宽，译. 北京：中国人民大学出版社，2003：27.

② 陈长松，蔡月亮. 技术“遮蔽”的空间：媒介环境学派“空间观”初探［J］. 国际新闻界，2021，43（7）：25-42.

间与媒介的本体论存在两条相互区别又相互影响的认知路径。[①]

第一条认知路径是媒介的空间化，即通过媒介将实体空间纳入社会关系的体系内，重点研究媒介的空间思维，是电子媒介时代之前媒介发展的主导趋势。例如，文字媒介形成了一种独立的文字空间，营造出一定的文盲鸿沟与线性权力链；印刷媒介打破了知识垄断，同时推动了新的社会结构变革；电子媒介构建出一个虚拟空间，又在虚拟空间的基础上重构新的虚拟空间，正如博客是一种虚拟空间，而微博是在博客的基础上再造的虚拟空间一样。媒介的空间化的本质即一种媒介的关系化与结构化过程，也就是通过空间的“聚焦”功能实现一种实体结构与社会关系的再生产。但是，在对空间生产的同时，虚拟空间逐渐从实体空间剥离。

第二条认知路径是空间的媒介化，即以空间内容为本体，研究虚拟空间以自身为媒介进行意义再生产与社会关系再建构，是电子媒介时代之后媒介发展的主导趋势。例如，口传媒介聚焦于以部落为核心的周边地域；书写媒介拓展跨地域的交流；印刷媒介通过便携性与复制性强化区域间联系；电子媒介使空间成为马歇尔·麦克卢汉所谓的“地球村”。空间的媒介化象征着虚拟空间开始自我“繁殖”，网络时代则更加彰显了这种趋势。

两条认知路径以电子媒介时代为基线，展现了从实体空间到虚拟空间的趋势转向，同时伴随着空间媒介化趋势的增强，虚拟空间与实体空间的界限越发清晰。从“媒介的空间化”到“空间的媒介化”的过程中，实体空间的概念开始式微，而虚拟空间作为媒介连接和组织实体空间的社会产物，成为各种社会关系的集合。

电子媒介时代以来，我们的城市街道、商业广场、主题公园等公共空间充斥着各类相互竞和[②]的媒介，使实体空间被报纸、杂志、广播、电视、

---

① 两条认知路径的观点主要来自：李彬，关琮严. 空间媒介化与媒介空间化：论媒介进化及其研究的空间转向［J］. 国际新闻界，2012，34（5）：38-42.

② 竞和展现了空间媒介之间既竞争又合作的关系。一方面，作为个体的空间媒介需要面向内部的竞争机制，从视觉认知等角度去抢夺其他空间媒介的视觉注意力；另一方面，作为集体的空间媒介需要面向外部的合作机制，形成新的空间媒介合力，再共同与实体空间本体去竞争。

电影、互联网等不断地改造。以迪士尼、环球影城、方特世界、长隆海洋王国等主题公园为例，其公园的实体空间属性早已削弱，取而代之的是各类媒介空间中的角色、景观与声音。它们以多样的媒介生产再现了正在演出的剧院、感官体验的电影院、沉浸式的城堡、电视和音乐录制的片场，甚至为你提供了“成为哈利·波特”的机会，抑或“与米奇共舞”的时刻（见图 2-1、图 2-2）。但是从本质上来看，当下的空间媒介观实际上还是一种传播学维度的“空间缺失”，它们普遍将实体空间排除在媒介之外，对“空间”概念的理解越来越多地局限于非实体媒介构筑的虚拟空间。这类极端的倾向在网络等新媒体出现之后达到了巅峰状态。①

图 2-1　环球影城中的“哈利·波特小镇”②

① 孙玮. 作为媒介的城市：传播意义再阐释［J］. 新闻大学，2012（2）：41-47.

② 图片来源：https://unsplash.com/fr/photos/personnes-marchant-dans-la-rue-pres-des-batiments-pendant-la-nuit-igj1R21BNvw。Unsplash（http://unsplash.com）是由加拿大蒙特利尔企业家Mikael Cho 于 2013 年创办的一个图片社区。Unsplash 许可协议表示该站所有的照片均可免费下载，并且使用于任何个人或商业领域。

图 2-2　迪士尼公园中随处可见的米奇角色[①]

面向增强现实技术、GIS 技术等位置媒介对社会空间的新生产，实体空间出现了部分“回归”现象，空间媒介观同时显现出第三条认知路径，即空间的再媒介化。“再媒介化”的概念由杰伊·大卫·博尔特（Jay David Bolter）和理查德·格鲁辛（Richard Grusin）在《再媒介化：理解新媒介》一书中提出。[②] 该书开篇即举了电影《末世纪暴潮》（*Strange Days*，1995）中的“电线”（the wire）的例子。当用户将这一设备放置在头上时，它的传感器就会与大脑中的感知中枢连接，创造出一种主观体验世界的相机。在记录模式下，它可以捕捉佩戴者的感官感知；在回放模式下，它将这些记录下来的感知传送给佩戴者。从某种程度上说，作为技术机器的“电线”创造了一种无中介的视觉体验，它可以直接绕过所有已存在的

① 图片来源：https://unsplash.com/photos/a-mickey-mouse-statue-on-top-of-a-building-r9dWA30cAsM。

② BOLTER J D，GRUSIN R. Remediation：understanding new media［M］. Cambridge，Massachusetts：The MIT Press，1999：55.

媒介，将一个意识传递给另一个意识，实现了几乎是媒介的终极传播，即将感官体验从一个人传递给另一个人。作者认为，“在强调我们文化对去媒介性（immediacy）和超媒介性（hypermediacy）的矛盾要求时，这部影片展现了再媒介化的双重逻辑，即我们的文化既想要使其媒介增殖，又想要抹去所有媒介化的痕迹。在理想情况下，我们应该在增加媒介的特定行动中抹除媒介”[①]。

可以说，超媒介性与去媒介性之间存在相互依赖的关系。超媒介性是显性的（explicitly），即人们可以体验一种媒介形式，同时不仅要了解所呈现的媒介，还可以了解媒介所在的空间与界面；去媒介性是隐性的（implicitly），即人们可以完全沉浸在媒介之中，并忘记媒介（画布、胶卷、电影等）的存在。例如，电影制片者耗费巨资重现某一特定时期的历史场景，只是希望观众觉得自己仿佛“真的”身处那个时代；电视新闻工作者会在虚拟屏幕上重新整合文本、照片、图形、影像等多种元素，在必要时甚至还会把没有视频信号的音频囊括其中。类似这样的行为都以“再媒介化”为其目的，并同时满足了去媒介性和超媒介性双重逻辑。作者还认为“再媒介化”展现了一种媒介化的重塑过程，即通过新媒介重塑旧媒介的形式逻辑。当然，这里的媒介概念是广义的，既包括绘画、摄影、电影、电视、网络等媒体形式，也包括空间、技术、游戏等关键词。[②]

---

① BOLTER J D，GRUSIN R. Remediation：understanding new media［M］. Cambridge，Massachusetts：The MIT Press，1999：4. 在不同类型、不同学科的文献中，immediacy 被翻译为即时性、去媒介性等，本书更加赞同朱小枫（见其论文《叙事影像在数字游戏中的再媒介化——以〈致命框架〉系列为例》）等学者的观点，认为immediacy 与hypermediacy 呈现一种对比关系，即去媒介性与超媒介性。

② 参见BOLTER J D，GRUSIN R. Remediation：understanding new media［M］. Cambridge，Massachusetts：The MIT Press，1999. 相关的推论来自原书目录。在第二部分，作者讨论了电脑游戏（Computer Games）、数码摄影（Digital Photography）、写实图像（Photorealistic Graphics）、数字艺术（Digital Art）、电影（Film）、虚拟现实（Virtual Reality）、中介空间（Mediated Spaces）、电视（Television）、万维网（The World Wide Web）、普适计算（Ubiquitous Computing）等内容。

回到空间的研究本体。如果说空间的媒介化在意的是以虚拟空间为主体的意义建构，那么空间的再媒介化实际上是以实体空间为主体的意义建构，即利用新的信息技术重新将实体空间中的技术、形式和社会影响进行再配置，以实现“更接近真实”的名义将其重新包装。[①]在第三条的认知路径中，增强现实媒介可以作为空间再媒介化的重要范式而出现，使受众在对“原有空间”及“再媒介化空间”的差异比较中，获得新的信息、新的知识，从而获得新的理解。因此，“空间的再媒介化”展现了新的事实：在新兴媒介（尤其是位置媒介）日益发达的今天，实体空间的意义不但没有削弱，而且它与虚拟空间史无前例地交融在一起，构成了一个更加复杂的空间场景。[②]

第二节　作为“增强”的空间美学图式

整体来看，从媒介的空间化到空间的媒介化，再到空间的再媒介化，空间媒介观实际上建构了“空间—媒介—空间”的认识偏向。可以说，媒介的空间化展现了实体空间对社会关系建构的传统，空间的媒介化展现了虚拟空间对社会关系意义再生产的模式，而空间的再媒介化展现了基于实体空间利用虚拟信息技术对社会关系的再生产，是一种“增强空间”（Augmented Space）。

广义的增强空间

从广义的增强空间概念来看，人类对人造空间环境的营造，自古就有

---

① BOLTER J D，GRUSIN R.Remediation：understanding new media［M］. Cambridge，Massachusetts：The MIT Press，1999：55.

② 孙玮. 作为媒介的城市：传播意义再阐释［J］. 新闻大学，2012（2）：41-47.

一种“增强”的传统。首先，在前电子媒介时代，空间中的实在物是增强氛围的关键，无论这个被增强的氛围是积极的，还是消极的。例如，历史建筑并不只是一个简单的躯壳，而是由壁画、图标、雕塑等各类物质所装饰的空间；鬼屋中放置了声源，以制造恐怖气氛；甚至喷香水与放屁也形成了对空间氛围的对比，增强了人类在空间中嗅觉感官的感受。如图 2-3 所示，城市街道的灯光系统在保障夜间出行的同时，营造出特殊的艺术效果，勾勒出地标品牌Logo，与日间城市形成图底关系的倒置。

图 2-3 实在物：悉尼街道的灯光系统

其次，在电子媒介时代，增强空间的介入材料从实在物转变为媒介物，包括灯光、投影、屏幕等。米兰国立大学文化与环境遗产系教授安娜·玛丽亚（Anna maria）认为，建筑投影、全息映射、媒体立面、城市大屏等技术形成了新的艺术格式，在包括剧院、博物馆、城市建筑等具备复杂表面及三维体感的空间环境中进行视频、图像、声音等播放，打破了原来观众在公共空间中的视角感知。这些新的形式产生了惊人的光学错觉——一种光的暗示游戏，通过改变一个物体的感知形式，把它变成另一种东西。这个新的语境就是所谓的“增强现实”。[①] 纽约、东京、中国香港的空间场所的外墙几乎被电子屏幕与荧光灯覆盖，真实空间中充斥着无法阻挡的、动态的、丰富的多媒体信息，尤其是纽约时代广场的媒体立面成为新时代的象征（见图 2-4）。

图 2-4　媒介物：美国纽约时代广场的媒体立面[②]

再次，在后电子媒介时代，增强空间从媒介物变为透明物，通过增强现实技术嵌入实体空间之中，形成与之相对应的孪生空间、定位信息与同步环境。有学者认为，这样的透明景观就像将虚拟影像“嵌套”在现实空间上，是一种重构日常视觉经验的“2.5 次元”景观。如图 2-5 所示，伦敦大学松田启一（Keiichi Matsuda）在短片作品《超现实》（*Hyper-Reality*）中描绘了增强现实系统对于未来城市的介入，城市物质表面上飘浮着众多

① Augmented reality or augmented space?［EB/OL］.（2019-12-29）［2022-06-16］. https://thetheatretimes.com/augmented-reality-or-augmented-space/.

② 图片来源：https://unsplash.com/photos/people-walking-on-street-during-daytime-VIhBOwitqu8。

信息。因此，广义的增强空间概念实际上涵盖了实在物、媒介物与透明物三个主体，在某种程度上展现了对增强空间概念的媒介考古。

图 2-5　透明物：松田启一于 2016 年创作的短片《超现实》截图[1]

狭义的增强空间

从狭义的增强空间概念来看，其空间与媒介的关系符合“空间的再媒介化”，因而只能涵盖后电子时代的透明物。或者更准确地说，狭义的增强空间特指一种增强现实界面，即一个实体信息与虚拟信息同等重要的空间。列夫·马诺维奇（Lev Manovich）在文章《增强空间的诗学》中界定了这样的“增强空间”。他认为，增强空间是覆盖着动态变化信息的物理空间。这些信息可能呈现多媒体的形式，并且通常针对每个用户进行在地化的生产。

在这个概念基础上，他从美学和经验层面提出，所谓的“增强”是一种思想、文化及审美实践，而不是技术。因此，他同时认为，建筑空间、

① 图片来源：http://hyper-reality.co/。

环境设计、电影和媒体艺术等设计实践都可以作为“增强空间”的探讨对象。[①] 安德鲁·罗斯（Andrew Roth）、凯特琳·费舍尔（Caitlin Fisher）等人在《构建增强现实自由故事的批判性反思》（*Building Augmented Reality Freedom Stories A Critical Reflection*）中指出，增强现实是创造故事的工具、内容、方法与社区，历史学家和设计师之间可以通过增强现实的桥梁，探索叙事方面的创新。[②] 在增强空间的概念生产之下，增强现实将会实现从技术工具层面向空间媒介概念的过渡，从而使其将真实媒介与虚拟媒介重新混杂，为增强现实的叙事与设计带来新的复杂性，甚至成为一种新形态的学科交融桥梁。

① MANOVICH L. The poetics of augmented space［J］.Visual communication，2006，5（2）：219-240.

② KEE K，COMPEAU T. Seeing the past with computers：experiments with augmented reality and computer vision for history［M］. Ann Arbor，MI：University of Michigan Press，2019：153.

第三章

增强现实概念的媒介观

The Media View of Augmented Reality

第一节　增强现实技术的媒介考古

增强现实概念与其说是一种新兴的技术形式，不如说是一种新兴的媒介形式。如果说技术的视野展现了增强现实的“无缝”特点，那么媒介的视野让这种“无缝”的特点镶嵌在具体的空间之中。艾伦·B. 克雷格（Alan B. Craig）提出，“作为媒介的增强现实”更加强调增强现实概念在人类和计算机、人类和人类、计算机和人类之间的调节作用[①]。哈瑞·艾弗拉姆（Horea Avram）在《增强现实艺术的视觉体制：空间、身体、技术和虚拟融合》一文中提出，增强现实媒介提出一种新的审美与知觉的范式，是当代艺术和媒体实践中最热门的概念之一，“它扩展了关于图像的传统定义，提出一种集成了现实和虚拟的过程式空间图像；它重新定义了界面的角色，将其转换为一个以用户为中心的设备；它重新审视观众的空间体验，将虚拟数据嵌入日常环境”[②]。

媒介环境学派代表保罗·莱文森将技术媒介的衍化分为“玩具”“镜

① CRAIG A B. Understanding augmented reality：concepts and applications［M］. San Francisco，Los Angeles，California：Morgan Kaufmann Publishers Inc.，2013：65.

② AVRAM H. The visual regime of augmented reality art：space，body，technology，and the real-virtual convergence［D］. Canada：McGill University，2016.

子”“艺术”三个阶段。[①] 他认为，一个新兴媒介在早期发展阶段容易被当作一个供人消遣的“玩具”；在中期发展阶段，人类的情感取代了对技术本身的关注，使新兴媒介成为传达现实、与现实互动的“镜子”；在后期发展阶段，当新兴媒介不仅能够反映现实，还能够超越现实时，它最终将发展成一个能够重构现实的“艺术”形式。

技术媒介生成并促进大众文化的发展，其方式与方法是多维而复杂的。以有声电影为例，著名发明家爱迪生及其助手于 1910 年发明了一种“能看到图像的留声机”，从而实现了在同一时间里把声音和图像记录下来，并让演员在拍摄过程中自由走动的愿景。1927 年，世界电影史上第一部有声电影《爵士歌王》（*The Jazz Singer*，1927）开启了电影产业从“无声”向“有声”的阶段过渡。但是一个半小时的片长，其同期声对话仅有两分钟左右，默片中常见的字幕依然随处可见。其后，伴随以谢尔盖·M. 爱森斯坦（Sergei M.Eisenstein）、弗谢沃罗德·普多夫金（Vsevolod Pudovkin）、库里肖夫（Kuleshov）等为代表的蒙太奇理论，以安德烈·巴赞（Andre Bazin）为代表的长镜头理论等艺术生产，有声电影的视听艺术语言逐步建立。从爱迪生的发明“玩具”到《爵士歌王》的“镜子”影像，再到其后不断发展的电影视听“艺术”语言，电影媒介实际上沿着技术媒介的发展不断衍化。

回到增强现实的技术媒介概念。目前理论界惯常从全景画的概念开始，对“虚拟现实”的技术概念进行媒介考古的调研，极少有学者关注增强现实的媒介考古历史。甚至有文章对“扩展现实”进行历史梳理时，将增强现实与虚拟现实混为一谈。究其原因，笔者认为有以下三点。

第一，相关技术概念诞生伊始，就具有增强现实与虚拟现实混杂的特色。例如，早期的“达摩克利斯之剑”未能完全区分增强现实与虚拟现实的概念，将两个系统整合在一起，使其既能被称为虚拟现实装置，又能被

① 莱文森. 莱文森精粹［M］. 何道宽，编译. 北京：中国人民大学出版社，2007：4-20.

称为增强现实装置。第二，目前，学界普遍更加重视虚拟现实的技术概念，认为虚拟现实的研究优先于增强现实的研究。但是，增强现实的工作原理实际上与虚拟现实类似，都是利用计算机图形学的视觉深度去替代图像平面。甚至可以说，增强现实技术实际上难于虚拟现实技术。以绝大多数的软件使用情况与步骤来看，虚拟现实往往都是增强现实制作的前一步骤，增强现实在软件操作上实际上只是虚拟现实的后置物。第三，对增强现实媒介的研究往往拘泥于技术本身，认为增强现实媒介仅仅是手机的增强现实功能、增强现实眼镜等一系列业已存在的增强现实设备概念，却忘记了增强现实概念的"原真性"，即增强现实媒介的技术本质是对物理元素和虚拟元素的感知融合。

因此，本书认为增强现实媒介的概念实际上一直被虚拟现实媒介遮蔽，增强现实的首要研究是对其技术媒介概念的考古研究。对增强现实这一概念的研究不应该受制于某一种技术或者解决方案，而应该利用包括计算机科学、艺术史、媒介研究等在内的交叉研究方法，这样才能对其媒介特性进行追本溯源。作为一种媒介，更准确地说，一种技术媒介，增强现实技术的媒介化发展进程在某种程度上符合"玩具""镜子""艺术"的三元论，即增强现实媒介首先是玩具，其次是作为现实替代品的镜子，再次是能够超越现实并创造现实的艺术样式。

玩具媒介

玩具阶段是技术媒介衍化的第一个阶段。一个新的传播媒介往往代表着一个实在的发明、一种新奇的产物，所起的作用像"玩具"一样。在增强现实概念诞生之前，对物理元素和虚拟元素之间感知融合的关注散见于各大领域的发明创造之中。1420 年，职业建筑师菲利普·布鲁内莱斯基（Filippo Brunelleschi）在佛罗伦萨的洗礼堂前进行了线性透视实验，开启了人类对"透视学"的研究。1515 年，意大利画家巴尔达萨雷·佩鲁齐

（Baldassare Peruzzi）在罗马法尔内西纳别墅绘制了著名的《前厅》（*Sala delle Prospettive*），展现了一种对“建筑幻觉”的关注（见图 3-1）。1862 年，一种以英国科学家约翰·亨利·佩珀尔（John Henry Pepper）的名字命名的，利用光线和反射来创造透明图像的“佩珀尔幻象”（*Pepper's Ghost*）出现在剧院中，此后不断在电影院、游乐园、博物馆、电视和音乐会等多个领域扩展（见图 3-2）。1902 年，无声影片《电影展上的乔什叔叔》（*Uncle Josh at the Moving Picture Show*，1902）中描写了一个天真的观众试图与投影到屏幕上的电影进行互动，旨在将屏幕外的现实世界与屏幕内的虚拟世界进行关联。它常常被认为是移动图像的早期案例之一。可以说，这些科学实验、建筑景观、戏剧舞台、电影、电视中出现的案例进一步延展了“增大化现实”的历史视角，为增强现实的媒介考古提供了“前史”。

图 3-1　佩鲁齐在罗马法尔内西纳别墅绘制的《前厅》[1]

① 图片来源：https://it.m.wikipedia.org/wiki/File:Peruzzi_Sala_delle_Prospettive,_Villa_Farnesina,Rome_04.jpg。

图 3-2 “佩珀尔幻象”的舞台设计：通过光线反射原理，在表演者与观众之间的一块玻璃上形成“游离的鬼魂”①

在“前史”的塑造过程中，与现行的增强现实技术较为接近的概念实际上来自文学家与艺术家的想象，而非科学家的技术生产。1901 年，美国儿童文学作家莱曼·弗兰克·鲍姆（Lyman Frank Baum）在小说《万能钥匙：一个电子童话》（*The Master Key: An Electrical Fairy Tale*）中设想了一把给人物形成“字符标记”（character marker）的万能钥匙，其本质是将虚拟信息叠加到现实的电子显示器上，用以判定对方是可信之人还是邪恶之人。② 这是目前有记载的最早与“增强现实”相关的概念雏形。其后，众多科幻小说、科幻电影不断对相关的概念进行艺术生产与加工。如图 3-3 所

① 图片来源：https://commons.wikimedia.org/wiki/File:Peppers_Ghost.jpg?uselang=en#Licensing。

② BAUM L F. The master key：an electrical fairy tale［M］. Indianapolis，Indiana：The Bowen-Merrill Company，1991：94.

示，20 世纪 50 年代中期，电影摄影师莫顿·海利格（Morton Heilig）从自己的兴趣出发，多次表达了对“未来电影”“多感官剧院”的愿景，并发明了一种包含立体彩色显示器、风扇、气味发射器、立体声系统和动感椅的名为Sensorama 的机械设备。这一设备所提出的增强现实概念实际上突破了单一的视觉效应，涵盖所有感官（听觉、嗅觉和视觉等）。正如奥列弗·格劳（Oliver Grau）的描述，“海利格模拟了一次穿越纽约的摩托车骑行，并在影片中带领观众体验飞驰中的风，感受模拟的城市噪声，甚至利用化学物质重现一种汽油味和比萨小吃店的气味”[①]。

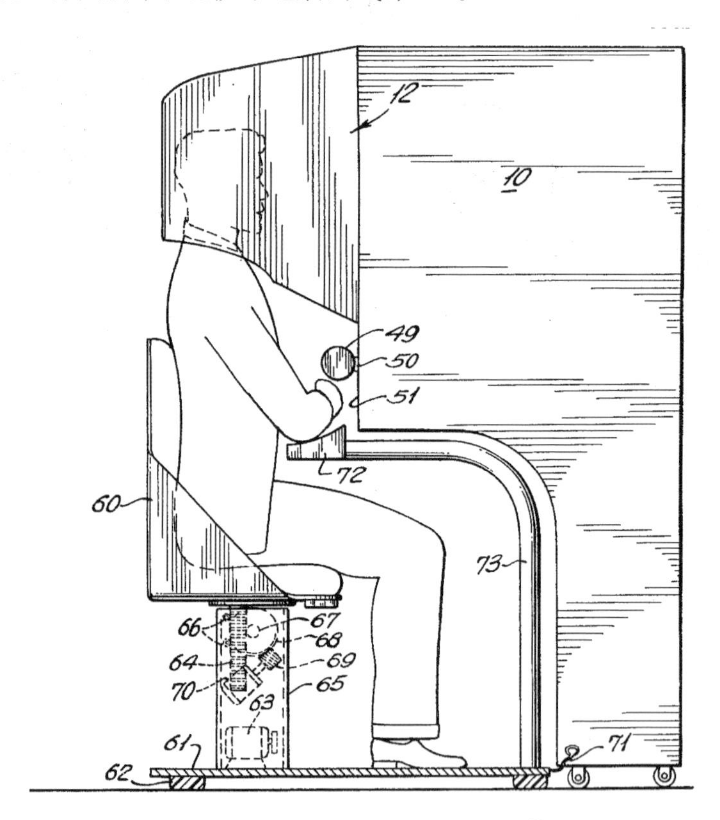

图 3-3 海利格的专利“感应器”[②]

① GRAU O. Virtual art：from illusion to immersion［M］. Cambridge，Massachusetts：The MIT Press，2004：1786.

② 图片来源：https://commons.wikimedia.org/wiki/File:Sensorama_patent_fig5.png。

1968 年，计算机学教授伊万・萨瑟兰提出我们熟知的“达摩克利斯之剑”。科学家从不同于文艺学家的角度出发，开始对增强现实的显示解决方案和跟踪系统发展做出新的探索。但科学家在对增强现实媒介概念介入初期，依旧未能摆脱其媒介的玩具属性。在伊万・萨瑟兰的“达摩克利斯之剑”之后，迈伦・克鲁格（Myron Krueger）于 1975 年创建的Videoplace、史蒂夫・曼（Steve Mann）于 1980 年发布的EyeTap、IBM 于 1986 年在内部使用的magic window、道格拉斯・乔治（Douglas George）等人在 1987 年创建的heads-up display 等都未能在社会上引起重大反响。

玩具媒介是技术媒介的初期阶段，正如保罗・莱文森指出“技术的运作就像转动的电扇扇叶，只有等到它们达到功能的顶端后，我们才容易看清楚技术；处于青春期之前的媒介，其特性是琐碎的、不易识别的，是非功能性的，因而也是招摇的，既像仪式一样张扬，又像死亡媒介的葬礼一样哀伤”。一方面，技术媒介的初期阶段展现出高度的个性化与自发性，是个人经验的产物，很难直接产生面向大众的影响力，往往处于社会的边缘位置。另一方面，技术媒介的初期阶段是去内容化的，它的“内容性”往往被“技术性”压制，仅仅呈现出一种技术的表达，很难立即产生强大的文化冲击力。

镜子媒介

镜子阶段是技术媒介衍化的第二个阶段，其主要目的是传达现实、与现实进行互动，在发展成熟之后随即拓展出对现实世界的技术影响力。一般而言，一个新奇的发明与其说取决于社会态度的变迁，不如说取决于技术的发展，而这种技术的发展最终表现为一个实用的装置。

从历史角度来看，增强现实媒介早期的现实价值往往聚焦在航空、军事和飞行等工业领域。二战期间，英国皇家空军面临难题，即在夜空中执行任务时，既要留意雷达、侦察敌情（黑暗中难以靠肉眼察觉敌机的接近），又要注目前方准备射击。基于此，英国军方于1942年成功研制出一款能将雷达图像投射在前挡风玻璃上的显示器，放置在飞行员的视野中，使其既具备提供导航及飞行的信息功能，也具备用于定位、瞄准目标等的战斗用途。此后，伊利诺伊大学的加文·林特恩（Gavan Lintern）于1980年首次提出平视显示器对教授飞行技能的价值。美国空军研究实验室开发出Virtual Fixtures，用这一功能强大的AR系统证明其对人类感知的好处，甚至连目前业界所定义的“增强现实”概念也是由波音公司的研发人员汤姆·考戴尔等人提出的。

在实现了飞行、军事领域的功能发展之后，增强现实媒介作为独立的媒介形式开始了新的探索与发展。

第一，增强现实的技术发展开始试图摆脱厚重的实验室设备束缚，从实验室走向大众，出现了小型化、便携化、产品化的趋势。一方面，一部分人将增强现实的功能嫁接在手机、摄像头等移动智能设备上，使其成为具备移动增强现实的媒介功能。2003年，索尼发布EyeToy彩色网络摄像头，在PlayStation 2设备上加入增强现实功能，用于让屏幕中的自我与屏幕中的虚拟对象实时交互（见图3-4）。2006年，Outland Research开发出AR媒体播放器，用于播放音乐，提供身临其境的娱乐体验。2008年，Wikitude AR旅行指南与G1 Android手机同时发布，成为早期智能手机的增强现实应用程序。此后在Eee Pad和iPhone 4诞生之后，AR技术持续改进，与其相关的应用数量不断激增，直至ARKit与ARCore之后达到高峰，提供了增强现实现代化产业的平台土壤。另一方面，一部分人继续致力于研究独立的增强现实设备，在前人的发明经验之上不断推进增强现实媒介的产品化，包括微软于2015年发布的HoloLens，Google于2014年发布的Project Tango（见图3-5），还有2015年开始火热的Magic Leap等。此外，在2022年5月11日召开的Google Map发布会上，谷歌宣布利用AI改进Google地图的新方法，即一方面启用全新的沉浸式世界视图，开启人们对空间的探索，另一方面启用Live View的全新功能，使新的地理空间API供

AR Core 开发人员使用，并能重新创建不同的导航、游戏、知识等增强体验。目前，DOCOMO 和Curiosity 正在基于Live View 开发一款新游戏，让观众可以在东京塔等标志性的地标前与机器人同伴一起抵御虚拟恶龙。[①]

图 3-4　索尼发布的EyeToy 摄像头与PlayStation 2 设备叠加实现早期增强现实效果[②]

图 3-5　Google 发布的Project Tango[③]

① Immersive view coming soon to Maps—plus more updates [EB/OL]. (2022-05-11) [2022-06-16] . https://blog.google/products/maps/three-maps-updates-io-2022/.

② 图片来源：https://commons.wikimedia.org/wiki/File：PS2-Eyetoy.jpg。

③ 图片来源：https://commons.wikimedia.org/wiki/File:Project_Tango_ (24181866660). jpg。

第二，增强现实技术的发展带动了相关的内容功能制作，从而使多个领域出现基于增强现实的行业应用。在商业与广告领域，宝马集团的广告代理商于 2008 年为宝马mini 系列汽车制作了基于增强现实技术的印刷杂志广告。当杂志被放置在电脑摄像头前时，汽车的三维模型会同时出现在屏幕内。这是目前已知的较早基于增强现实技术的商业运用与广告营销活动之一。[①] 2010 年前后，这种与现实世界中的运动实时交互（通常通过纸质打印输出）的营销手段开始在服装、手表、珠宝等物品中出现，最大限度地减少了顾客的试穿时间，增加售出的概率，从而成为一种“虚拟试穿”的流行方法。在教育和娱乐领域，最早的AR 游戏是由南澳大利亚大学的布鲁斯·托马斯（Bruce Thomas）等人制作的AR Quake。它源于 1996 年的第一人称射击游戏《雷神之锤》，旨在利用用户自身的位移和简单的界面输入来代替电脑游戏的键盘和鼠标，以实现在户外的真人游戏对战。2016 年发布的Pokémon Go 成为当时最火热的智能手机游戏，推动了增强现实游戏的普及与发展，并在某种程度上标志着增强现实媒介的“破圈”。2017 年，苹果公司的AR Kit 与谷歌公司的AR Core 等增强现实技术平台产品出现。庞大的用户数量刺激着各类公司与艺术家竞相为增强现实创造新的艺术内容。目前，在维基百科的词条中，与增强现实相关的应用领域包括考古、建筑、教育、商业、游戏、旅游等 26 类。伴随众多的增强现实软件搭载在手机 APP 中，“作为镜子的增强现实媒介”不断拓展着自身对现实世界的技术影响。

如果说玩具媒介是技术媒介的初期阶段，那么镜子媒介就是技术媒介的中期阶段。巴克敏斯特·富勒（Buckminster Fuller）、爱德华·T. 霍尔（Edward T. Hall）、马歇尔·麦克卢汉等人都不同程度地指出，媒介技术在发展过程中实际上已经代理并继续代理着我们的手臂、腿脚和身

① JAVORNIK A. The mainstreaming of augmented reality：a brief history［EB/OL］.（2016-10-04）［2022-06-16］. https://hbr.org/2016/10/the-mainstreaming-of-augmented-reality-a-brief-history.

体。这种对人类身体的延伸实际上意味着增强现实媒介不断加深对现实世界的理解程度。玩具性质的技术媒介是向个人展示意趣性，而镜子性质的技术媒介需要走向大众，从主观化的技术固有属性走向客观化的群体社会属性。

艺术媒介

艺术阶段是技术媒介衍化的第三个阶段，象征着技术媒介开始以全新的方式对现实进行复制、解剖与重组。增强现实成为艺术形式的第一步就是利用泛化的增强现实媒介去争夺视觉的注意力，以此呈现出一种对空间的抵抗。在早期阶段，增强现实艺术借助移动增强现实技术，通过GPS 坐标，将虚拟作品定位于封闭的展览空间中，使虚拟的艺术作品无法被现实的策展人或其他权威机构移除或封锁，呈现一种“绝对化”“抵抗性”的宣言意识，这被认为是对博物馆艺术空间的“入侵”。

2010 年 10 月，由艺术家多美古・泰尔（Tamiko Thiel）等人组成的网络艺术家团体Manifest.AR 在纽约现代艺术博物馆MOMA 举办的“We AR in the MoMA”展览中进行了AR 艺术干预，并将其命名为“ARt Critic Face Matrix”。他们基于MOMA 的地理位置定位，创作了一系列数字艺术作品，并需要通过移动数字设备上的应用程序进行观看。当观众通过数字设备观看时，虚拟艺术品会遮挡实际展示的作品（见图 3-6）。此后，这种基于增强现实的艺术介入出现在 2011 年威尼斯双年展、伊斯坦布尔双年展等国际艺术舞台上。2011 年 1 月，Manifest.AR 团体发表“增强现实艺术宣言”（The AR Art Manifesto）。宣言指出：“在增强现实的艺术语言中，我们可以安装、修改、渗透、模拟、暴露、装饰、破解、感染和揭露原有物理现实中的公共机构、身份和对象，就像坏的绘画挑战了好的绘画的定义一样。增强现实是一种新的艺术形式，但它本质上是反艺术的，或者说是一种反重力的艺术。它是隐藏的，必须被发现；它是不稳定和无常的；它是存在与生成的、真实与非物质的。”[①]2018 年，达米扬·皮塔（Damjan Pita）等人继承了前人的激进主义观念，创建出一个未经授权的AR 画廊“MoMAR”，通过马赛克、拼贴等多种方式，数字化地取代了纽约现代艺术博物馆MOMA 的杰克逊·波洛克画廊（Jackson Pollock gallery）中的画作（见图 3-7）。[②] 这类游击式的展览实际上重新印证了增强现实艺术宣言的观点，即“坏的绘画挑战了好的绘画的定义”，同时也暴露出博物馆作为一个人工预制环境所构建的“艺术权威”。

图 3-6　作品 *ARt Critic Face Matrix*，多美古·泰尔，2010 年[③]

① The AR art manifesto［EB/OL］.（2011-01-25）［2022-05-20］. https://manifest-ar.art/.

② EFRAT L. Realational perspectives：strategies for expanding beyond the here and now in mobile augmented reality（AR）art［J］. Leonardo，2020，53（4）：374-379.

③ 图片来源：https://mission-base.com/tamiko/We-AR-in-MoMA/index.html。

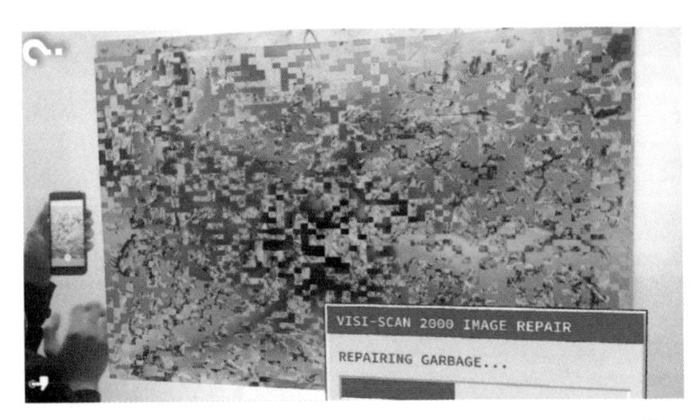

图 3-7　作品 *MoMAR*，达米扬 · 皮塔，2018 年①

此后，增强现实艺术宣言从博物馆空间走向公共空间，成为一种街头艺术的科技版本，更确切地说，成为表达社会反抗的“电子涂鸦”（electronic graffiti）。纽约理工学院的达蒙 · 洛伦 · 贝克（Damon Loren Baker）将增强现实作为“使有抱负的世界破坏者成为可能的技术”来加以考察，认为反抗性是增强现实艺术的思想渊源。② 在这个过程中，增强现实在使用者的视野范围内强制加入某些内容，使广告与宣传成为增强现实艺术的重要领地。2012 年，YouTube 网友制作了与谷歌眼镜官方宣传片对立的“戏谑版本”《增强（广告）现实》（*ADmented Reality*）。制作者大胆“挪用”官方版本的影像素材，把各种广告不断加入谷歌眼镜使用者的视野中。这一行为试图提醒我们：无孔不入的广告不会忘记侵入AR，而在野心勃勃的厂商眼里，AR 是一块现成的广告牌，成本低廉，抵达率高。③2016 年，伦敦大学松田启一制作的短片作品《超现实》描绘了一幅AR 高度发展之后的反乌托邦式的社会图景：人们在乘坐公交车的时候，随时通过增强现实激活空间计算游戏，消解等待时间（见图 3-8）；人们在超市购物的

① 图片来源：https://momar.gallery/exhibitions.html。

② BAKER D L. Wearable apocalypses：enabling technologies for aspiring destroyers of worlds［M］//GEROIMENKO V. Augmented reality art：from an emerging technology to a novel creative medium. Berlin：Springer，2014：305-312.

③ 谷歌Project Glass 的官方视频：https://www.youtube.com/watch?v=9c6W4CCU9M4&t=0s；YouTube 网友的戏谑版本：https://www.youtube.com/watch?v=_mRF0rBXIeg。

时候，虚拟宠物跟随主人，与超市货物相关的折扣、健康提醒等信息都被重点标注（见图 3-9）；人们在城市中漫步的时候，铺天盖地的广告、人物、景观等信息都被包装成信息服务，它们随着观者的移动，向我们扑面而来，似乎再也没有令人困惑的事物（见图 3-10）。

图 3-8 《超现实》展现出反乌托邦式的社会图景之一[①]

图 3-9 《超现实》展现出反乌托邦式的社会图景之二[②]

① 图片来源：http://hyper-reality.co/。
② 图片来源：http://hyper-reality.co/。

图 3-10 《超现实》展现出反乌托邦式的社会图景之三[①]

另外，除了一些在博物馆、商业广告、公共空间中出现的“抵抗性”艺术，艺术家也在不断思考增强空间与现实空间之间的“融合性”特性。2014 年，艺术家桑德·凡霍夫（Sander Veenhof）发现格罗宁根大学的历代名人肖像画廊里几乎清一色为男性面孔，只有少数女性，于是他决定通过创建“Augmented Illustra”项目，重塑该校的此项历史叙述，重新聚焦格罗宁根大学的杰出女性。通过应用程序Junaio，项目将部分男性的肖像替换为过去几十年里与这所大学有联系但没有被放置在历代名人肖像画廊中的女性肖像，使增强现实技术工具不是用来创造想象或操纵现实，而是用来揭露空间和历史的政治，表达了一种对历史与现代的时空重建，为创造场所、建立身份和体现本体提供了新的艺术机会。2020 年，UCCA 尤伦斯当代艺术中心以“幻景：当代艺术与增强现实”为题，通过技术介入的温和方式，提出博物馆、艺术中心对增强现实的理解。从某种程度上说，增强现实艺术是一种对精英主导价值的颠覆，使新的增强空间成为一种关系的空间，而不是绝对的入侵和复制。在展览中，观众可以通过Acute Art 应用程序，在UCCA 及 798 艺术区西门对面的Stey-798 共享公寓观看展出的 AR 艺术作品。参展艺术家包括妮娜·香奈尔·阿布尼、达伦·巴德、奥

① 图片来源：http://hyper-reality.co/。

拉维尔·埃利亚松、KAWS、曹斐等。KAWS 的作品《COMPANION（增强版）》飘浮在UCCA 入口处的空中，并会在Stey-798 再次出现。艺术家以带有个人识别性的形象引发观众的回忆，并利用双手蒙住双眼的动作传递一种孤独、羞愧等复杂情感。奥拉维尔·埃利亚松的作品《太阳伙伴》（2020）出现在UCCA 的入口角落，使熠熠发光的太阳悬挂在入口的梯形阶梯上（见图 3-11）。整个展览旨在以“存在”与“不可见”之间交替出现的物与人来喻示人与人的联结与隔阂，同时利用增强现实媒介来挑战观众对艺术既定观念与欣赏方式的固定思维，使艺术的自由欣赏成为可能。

图 3-11 奥拉维尔·埃利亚松的作品《太阳伙伴》[①]

在玩具媒介、镜子媒介之后，艺术媒介是增强现实概念的后期阶段。增强现实媒介在进行艺术化生产的过程中，其内容生产对现实空间表面的关键部位进行添加与覆盖，亦有可能是移除与屏蔽，并通过文字、图像、模型、动画等对其进行再度创造。但不同于其他绝大部分的媒介技术，增强现实因其杂糅的媒介特性（既需要关注现实空间，又需要关注虚拟空间），缺乏向艺术阶段飞跃的潜能。

① 图片来源：https://ucca.org.cn/exhibition/mirage-contemporary-art-in-augmented-reality/。

就目前增强现实的发展过程来说，它实际上处于“从镜子向艺术”的过渡阶段。一方面，虽然增强现实技术介入绝大部分产业（包括增强现实新闻、增强现实出版、增强现实游戏等），但是不同产业往往将其当作一种数字媒介时代的工具，并未能在多个产业之间形成统一的、联动的艺术效应。另一方面，在众多艺术家的探索下，增强现实技术媒介提出初步的艺术可能性，但是同样未能达成一种艺术叙事方法论的共识，甚至不断在反向的“抵抗性”与正向的“融合性”之间角逐。因此，增强现实媒介想要实现艺术阶段的飞跃，不但需要复制现实，而且需要以富有想象力的方式重组现实，尤其是需要利用好“空间”与“媒介”结合的叙事路径，建立类似于蒙太奇之于电影一样的叙事体系。

第二节　增强现实媒介的特点

李苗在《作为智能媒介的增强现实：历史、属性及功能机制》一文中提出了“增强现实”从智能技术向智能媒介的转向。她从国际电信联盟（International Telecommunication Union，ITU）对“媒介”的定义出发，提取了增强现实媒介的五个特征，即感觉媒体、表述媒体、存储媒体、传输媒体及场景媒体。[①]

一是感觉媒体。增强现实首先满足人的视觉感知。增强现实技术最早的发明，目的是让“使用者可以从视觉、听觉、触觉等方面”来建构一个平行于现实世界的感知世界。[②] 利用声音、文字、图形、影像等媒体要素，直接作用于人的感觉器官，使人产生直接感觉。二是表述媒体。传输感觉媒体的中介媒体是人为地构造出来的一种媒体，如语言编码、静止和活动

① 李苗. 作为智能媒介的增强现实：历史、属性及功能机制［J］. 现代传播（中国传媒大学学报），2019（9）：145-151.

② 李苗，等. AR：场景互动神器［M］. 北京：社会科学文献出版社，2016：3.

图像编码以及文本编码等。表述媒体是指为了使人工信息系统能够采集或显示、加工处理、存储或传输各类感觉媒体所携带的信息，输入输出的硬件设备也属于信息传达的媒介体。三是存储媒体。增强现实的存储媒体这部分功能，主要是设置在APP 里的各种虚拟影像和计算机设计出来的 3D 虚拟人物或者卡通信息，另外就是用于扩展媒介和用于户外、移动状态的云存储。云存储可以存储海量的信息，当有信息需求时，便开启增强现实APP，即时从云存储中抓取。四是传输媒体。增强现实的场景关系体系中包含互联网、无线移动互联网和物联网这几类物理介质的传输通路。五是场景媒体。增强现实的第一个属性就是虚拟场景与真实场景的融合。我们以*Pokémon GO* 为例。首先，它是一个基于GPS+LBS 的移动媒体，系统随时对终端使用者的移动场景进行跟踪。其次，它是一个基于视觉的增强现实感知系统，使用者根据虚拟地图的“藏宝”线索寻宝。当找到藏宝位置时，手机地图上就会跳出小怪兽，玩家便可以点击捕捉。点击页面时，增强现实就可将拍摄地点的实景和捕捉的虚拟小怪兽叠加于画面，展示战绩并进行社交分享。最后，小怪兽又是IP 内容，具有很强的趣味性和故事性，结合增强现实的 3D 界面到处活动，因而增强现实此时也是一个承载内容的表达媒体。

从某种程度来说，增强现实媒介是一种面向未来的媒介形式。因此，对其媒介特点的研究不应该仅仅是对当下的媒介技术水平的一种描述，而应该对未来技术的可能性同时做出反应。也就是说，对增强现实媒介特点的界定需要从增强现实的本质概念出发，将其理解为一种“增大化的现实”，而非一种局限在技术领域的媒介特点。

空间的重叠性

20 世纪以来，伴随交通、传输工具等技术变革，人们在不同地域、场景之间不停地加速流转。地理学者大卫·哈维（David Harvey）将这一现象称为“时空压缩”（Time-Space Compression），即跨越空间所需要的时间越来越短，空间距离对移动所造成的阻隔日渐式微。[①] 如果高铁、动车等交通工具只是缩短了单位距离之内的时间需求，那么增强现实媒介技术将时空完全压缩，并使人类能够随时随地打破时间的壁垒，让那些暂时的、转瞬即逝的图景重新在空间中显现。这种显现的本质就是一种虚拟信息的介入，使增强空间被拓展为一种“重叠的空间”。

增强现实空间实际上是用来描述在特定的视觉环境中无缝融合真实和虚拟元素的空间实践类型。它的核心在于一种空间的重叠性，即虚拟界面与真实界面、媒介图层与物理图层的叠加。因此，增强现实技术导致空间形成了新的变化，即形成了横向裂变与纵向裂变两个趋势。其中，横向裂变是一个建筑空间与另一个建筑空间的链接，是共时性的；纵向裂变是一个建筑空间在内部不同历史阶段的链接，是历时性的。整体来看，理论家对增强空间的重叠性表达了两种截然不同的态度。

以建筑师、设计师为代表的观点认为，新的重叠空间实际上是建筑空间的动态化延伸。建筑空间是一个典型的可居住的空间样式，其各大结构大部分都具备一定的功能。但是，伴随增强现实技术的出现，建筑空间处于一个里程碑式的变化边缘，并极有可能扩展和模糊其边界。尤其是在当代建筑学的动态转向之后，建筑概念不再以“静态”为思考原点，而是加入了信息、通信、新媒体等技术手段，丰富了动态建筑的信息表达，以满足信息时代需求的体系结构取代传统的模拟体系结构，从而形成一种与周围建筑环境相链接的交互式建筑，抑或虚拟信息和真实环境混合的“未来异质建筑”（Heterarchitecture of the future）。例如，美国辛辛那提大学的亚当·桑布科（Adam Sambuco）在文章《分层空间：走向叠加的建筑》中讨论了扩展现实技术与建筑空间之间的关系。他认为，扩展现实应该成为建筑环境的组成部分，新的媒介图层与目前使用的建筑人造材料的本质区

① HARVEY D. The condition of postmodernity an enquiry into the origins of cultural change［M］. Cambridge，Massachusetts：Blackwell，1990：240.

别不大，实际上是一种建筑环境的模糊化延伸。[1] 克里斯蒂安・W. 汤姆森（Christian W.Thomsen）提出，物理空间与虚拟空间之间的夹层或二者的叠加是一个迫在眉睫的建筑学问题，它象征着一种脱离静态观念的思想，使建筑空间从一个“静态结构”化身为一个“智能设施”。[2]

以计算机学者、工程师为代表的观点认为，新的重叠空间实际上是对现有存在空间的一种消解。增强空间将虚拟和真实、互联网的信息景观与城市景观相结合，通过叙述者、公共设施和个人可穿戴技术改造了空间中的界面。杰伊・大卫・博尔特与理查德・格鲁辛等人猜测，计算机界面也许会逐步消失，同时被增强现实替代，使整个空间世界被转化为电脑窗口界面。[3] 我们可以用两部电影来做比喻，《头号玩家》展现了虚拟现实占领世界的场景，彰显了“视网膜就是屏幕”的观点；《失控玩家》则展现了增强现实占领世界的场景，它好像在宣称“世界就是屏幕”。

视觉的透明性

在视觉表现的历史上，最持久的主题之一就是我们所感知的现实与我们所认为的虚拟之间的紧张关系。增强现实无疑是对这种紧张关系的一种回应，或者说是解决方案。北京大学艺术学院唐宏峰在《视觉性、现代性与媒介考古：视觉文化研究的界别与逻辑》一文中提出对“新视觉文化”的思考，并将其具体化为“视觉现代性”（visual modernity）。[4] 她指出，美

---

① SAMBUCO A J. Layered space：toward an architecture of superimposition［D］. OH：University of Cincinnati，2018.

② THOMSEN C W. Visionary architecture：from Babylon to virtual reality［M］. New York：Prestel Verlag，1994：184.

③ BOLTER J D，GRUSIN R. Remediation：understanding new media［M］. Cambridge，Massachusetts：The MIT Press，1999：213-216.

④ 唐宏峰. 视觉性、现代性与媒介考古：视觉文化研究的界别与逻辑［J］. 学术研究，2020（6）：36-43，177.

国当代艺术史与视觉文化研究领域新锐乔纳森·克拉里（Jonathan Crary）将“视觉现代性”的发生放置在19世纪早期由新的生理学、视觉科学、光学装置、人的身体等众多因素带来的新变化中。这些因素的聚合作用产生出一种主观视觉、身体介入性的视觉，这被视为现代视觉的本质。人类在视觉科学的规训下，通过“身体”[①]观看一个光学装置，从而对其产生生理与心理的双重审视。

旧的视觉文化（也可以理解为视觉文化的原初性）是面向绘画、雕塑、建筑及其他工艺品等基于实体装置的视看；新的视觉文化（也可以理解为视觉文化的现代性）是面向摄影、电视、电影及虚拟现实、增强现实等基于光学装置的视看。新的视觉文化体系形成了三个类别，摄影、电视、电影可以称为第一类，虚拟现实称为第二类，增强现实称为第三类。三个类别相互区分，从不同的方向扩展着新视觉文化体系的内容生产。其中，增强现实媒介“视觉性”[②]的核心特点就是“透明”二字。甚至可以说，增强现实带来了视觉体验的革命性变化，正在“消融”虚实界限明显的视觉体验。

关于透明性的第一个诠释是“无框的透明”。加拿大蒙特利尔麦吉尔大学的哈瑞·艾弗拉姆认为，增强现实媒介拓展了（更确切地说，是质疑了、拒绝了）文艺复兴以来视觉艺术中关于“图像”的传统定义——一种被“框取”（framed）的、类似窗户的视觉再现机制。[③]从类别来看，新的视觉文化体系中第一类中的摄影、电视、电影是有框的，而且这种特定的边

---

① 这里的身体特指人的眼睛。但是在虚拟现实、增强现实等全感官的媒介技术生产下，视觉现代化的“身体”可以拓展到听觉、触觉、嗅觉等其他感官，实现麦克卢汉所谓的感官的复兴。

② 这里的“视觉”的本质并不是将增强现实解释为单纯的视觉艺术，其本质是为了与视觉文化的相关概念对应。这里的“视觉”是所有“感觉”的集合体，有美学与感知范式。

③ AVRAM H. The visual regime of augmented reality art：space，body，technology，and the real-virtual convergence［D］. Canada：McGill University，2016.

界使其成为重要的一种限制性的美学创作。第二类虚拟现实是无框的，从单画幅相机到全景相机，从单幕到球幕，其核心都是为了打破原有的视听语言框架，从而将身体完全包围，加强沉浸体验。第三类增强现实也是无框的。与虚拟现实“打破与现实隔离的框架”的逻辑不同，增强现实空间本身就是现实世界与媒介世界的融合，因此透明性的增强现实不再存在明显的媒介边界，而是与现实世界融为一体，以“无框的美学”消融着虚实边界的视觉体验。无论是目前存在的移动手机界面，还是固定式的眼镜界面，增强现实媒介的观看都是为了更好与真实环境交融，呈现为“无框”屏幕。

关于透明性的第二个诠释是“感知的透明”。亨利·列斐伏尔在《空间的生产》一书中提出，空间的生产性隐藏在双重的错觉中，一方面是透明的错觉（the illusion of transparency），另一方面是不透明的错觉，或曰“现实的”错觉（the illusion of opacity）。[①] 以增强现实技术扩展出的叠加视域展现出一定的透明错觉特点。也就是说，如果VR 的机制能够再现我们作为一个固定的、绝对的空间的化身感知[②]，AR 的机制就是将VR 的美学“暴露”在日常生活体验的世界中，使其呈现出透明的错觉。也就是说，增强现实媒介所创造的媒介图景实际上是“飘浮”在我们视野之内的，并不是物理性地“嵌入”空间，只是一层视觉的“透明遮挡”而已。与其说增强现实改造了空间，不如说它改造了我们终端所见的空间面貌。

互动的弥漫性

在《弥漫的界面：理解增强现实》一文中，暨南大学副教授施畅认

① LEFEBVRE H. The Production of Space，Donald Nicholson-Smith，trans［M］. Cambridge，Massachusetts：Basil Blackwell，1991：27.

② HAYLES N K. How we became posthuman：virtual bodies in cybernetics，literature，and informatics［M］. Chicago：University of Chicago Press，1999：206.

为，理想的增强空间是“弥漫的界面”（ubiquitous interfaces 或interfaces everywhere），并具备无处不在的弥漫性、即时重组的生成性以及引导操作的界面化三大特征。[①] 这里所谓的弥漫性的本质，并不在于界面本身，而在于与互动相关的行为、界面、内容的整体弥漫。

其一是交互行为的自然化。从虚拟现实与增强现实的交互行为来看，VR 的交互主要通过用户在现实空间中的行为去影响虚拟空间中化身（avatar）的行为，从而对虚拟空间进行交互触发。AR 的交互则是通过用户的主体交互行为，同时并置发生在真实空间与虚拟空间之中，激活两个层级的反馈。与真实世界的导航使用的GPS 相比，AR 的定位更加精确，其寻路解决方案甚至可以到达GPS 无法覆盖的地方，如GPS 精度弱的地点，抑或室内无法用GPS 定位的地方。因此，AR 交互既需要调用人的身体，又与人所处的具体环境密切相关，同样，AR 内容一般只能在固定的位置产生效果。可以说，未来的AR 担负着一种交互自然化的使命，即人类不再需要与实体界面进行互动，可以根据身体在真实空间中做出的真实反应（包括行走、触摸、对话等），触发叠加内容，使人类重新获得对媒介的掌控感。

其二是交互界面的无处不在。界面是人机交互之间一个相互作用的媒介。计算机发明以来，经历了DOS 界面，以鼠标、键盘为辅助的图形界面，以智能手机为代表的触控屏幕等三次迭代。目前所谓的AR 交互界面有称为第四代界面的潜质。杰伊·大卫·博尔特与理查德·格鲁辛提出，增强现实相当于计算机桌面的窗口形式，这意味着计算机界面的消失，或者说整个世界被转化为电脑界面。[②]AR 的界面不再是一种物质的界面，而是无处不在的虚拟界面，就像科幻电影中描述的那样，包括地表、街道、身

① 施畅. 弥漫的界面：理解增强现实［C］// 刘涛. 视觉传播研究：第一辑. 北京：中国传媒大学出版社，2021：170-184.

② BOLTER J D，GRUSIN R.Remediation：understanding new media［M］. Cambridge，Massachusetts：The MIT Press，1999：55.

体等在内的所有事物均可叠加上虚拟图层，将其转化为提供分析、可供操作的即时界面。

其三是交互反馈的随时更迭。在增强现实的交互反馈中，虚拟的图景只是“飘浮”于我们的视野之内，并没有物理性地“嵌入”空间，只是一层感知的“遮挡”。雷瓦·赖特（Rewa Wright）强调，增强现实媒介的重要特征在于“重新组合”（re-assembly）[①]。通过这种终端所见的空间面貌，在人们开始行动的时候，视点发生转移的时刻，虚拟内容被不断激活，并实时生成。这一方面得益于其交互反馈的本质在于叠加，而不在于重置，定位的功能减少了信息的运算量，提高了叠加信息的精确度；另一方面得益于普适计算（ubiquitous computing）提供了有力的技术支撑，使计算机与环境融为一体，实现了随时随地的信息获取与处理。

① WRIGHT R. Mobile augmented reality art and the politics of re-assembly［C］// ISEA2015：Proceedings of the 21st international symposium on electronic art. Vancouver：15EA International，2015：458-463.

第四章

增强现实媒介的叙事性

The Narrative Properties of Augmented Reality Media

第一节　增强现实叙事的两个源流

人类进化到使用语言的时期以来，通过媒介进行叙事的渴望从未停止，而人类讲述故事的媒介技术也随着时间的推移不断发展。罗兰·巴特曾在《叙事作品结构分析导论》一文中指出，“叙事承载物可以是口头或书面的语言、固定的或活动的画面、手势，以及所有这些材料的有机混合”[①]。叙事遍布于神话、小说等文本内容中，也存在于绘画、彩绘玻璃窗等图像形式内，更分布在电影、戏剧等艺术形式中。从口头传播到文字书写，从静态图片到动态影像，从电影到电视，从舞台到动画，每一次媒介技术的革新都展现出新的叙事可能。我们生活在一个信息空间和物理空间的混合体中，增强现实技术实际上“将虚拟和真实相互结合，将互联网的信息景观和城市景观相互融通，为数字动画媒体的故事讲述者提供了新的机会”[②]。

玛丽－劳尔·瑞安在《跨媒介叙事》一书中提出的“新媒介是否都会

① 巴特. 叙事作品结构分析导论［M］// 张寅德，编选. 叙述学研究. 北京：中国社会科学出版社，1989：2.

② SPARACINO F. Narrative spaces：bridging architecture and entertainment via interactive technology［C］//6th international conference on generative art. Milan，Italy，2002.

产生新叙事”[1]这一问题实际上涉及数字媒介与叙事之间的关系。一方面，新叙事的产生得益于数字媒介所具备的整体属性；另一方面，在数字媒介的统一表征之外产生怎样的新叙事涉及单一数字媒介（指增强现实媒介）的独特性。一种新的媒介技术对应着新的技术美学形式，正如增强现实技术对应着增强现实叙事一样。增强现实作为一种新技术，已经在其发展过程中形成了新的叙事优势。目前，增强现实媒介的技术形式还在不断发展与生长，但是其叙事的特性相对恒定，对其叙事性本体的研究也将不同程度地影响着数字媒介叙事的深度与广度。

从叙事学的本体来看，增强现实叙事无疑是后经典叙事学中的一个细分类别。对增强现实媒介的叙事性讨论，既包含媒介的观点（包括但不限于从互动叙事中提取的观点），也包含空间的观点（包括但不限于从空间叙事中提取的观点）。

媒介的观点

玛丽－劳尔·瑞安在《跨媒介叙事》一书中提出新兴媒介叙事的三个重要指标。[2]其一是对叙事性的界定，既包含从叙事文本到叙事环境、叙事人物及叙事情节的递进过程，又包含从简单情节、复杂情节、平行情节、史诗情节、俄罗斯套娃情节（递归嵌入式故事）到戏剧性情节的主题内容变体。其二是数字媒介的独特属性，从反应与互动性质、多重知觉和符号渠道、网络化能力、易变的符号、模块性五个点进行了界定。其三是对互动概念的提炼，即基于数字媒介中用户参与的类型学，形成了内在式参与与外在式参与、探索型参与与本体型参与两组对立关系。基于以上三个重

① 瑞安. 跨媒介叙事［M］. 张新军，林文娟，等译. 成都：四川大学出版社，2019：309.

② 瑞安. 跨媒介叙事［M］. 张新军，林文娟，等译. 成都：四川大学出版社，2019：309-329.

要指标，她进而讨论了五种跨媒介叙事文类：超文本（Hypertext）、基于文本的虚拟环境（Text-Based Virtual Environments）、互动戏剧（Interactive Drama in VR Environments）、电脑游戏（Computer Games）、网络摄像（Network Camera）（见表 4-1）。[①] 尽管瑞安的类型研究并未涉及增强现实、虚拟现实，但是其从媒介的观点所定义的技术媒介叙事指标值得借鉴。

表 4-1　新媒介数字文本的叙事特征

探索文类/属性	叙事模式	资源及技巧	主题及结构	用户参与模式	用户角色	设计问题	叙事重要性
超文本	剧情叙述	呈现的片段，分块和链接	元小说叙事，存档叙事	外在型，探索型	将杂乱的故事归在一起搜索存档	在多线性环境中保持逻辑连贯	居中，但可作为拼图连接至非叙事文本
基于文本的虚拟环境	通过表演性话语展开行动、对话、剧情叙事	行为内置物体，可航行空间	人际关系，怪诞主题	内在型或外在型，探索型或本体型	扮演角色，探索世界，与成员互动	创造指导脚本	断断续续（戏剧动作和叙事与小谈话相交替）
互动戏剧	通过相对自由的对话及动作展开行动	3D 全景展示，进入虚拟世界，可航行空间	已尝试亚里士多德式情节，建议尝试怪诞主题探索、片段叙事	内在型，本体型或探索型	用户作为共同作者、角色、演员及表演的受益者	创造允许用户参与的指导脚本，同时保持叙事逻辑及形式	居中
电脑游戏	根据系统规定的动作展开行动	可航行空间，行为内置物体	探索，复杂实体的演变，神秘小说	外在型或探索型之外的所有组合类型	进行具体任务	情节种类匮乏，为暴力主题提供其他选择	建设性

① 五种跨媒介叙事文类的具体特征在此不再赘述，其部分的叙事特征已介入增强现实叙事的研究之中，将在后文详细叙述。

续表

探索文类/属性	叙事模式	资源及技巧	主题及结构	用户参与模式	用户角色	设计问题	叙事重要性
网络摄像	展示	现场，按时间顺序呈现	日常生活	外在型，探索型	读者作为窥视者来“抓取”最精彩的部分	叙事行为太少	断断续续（很多沉寂时刻）

注：参见玛丽－劳尔·瑞安《跨媒介叙事》。忠实于原文，表格基本不做修改。

从媒介的观点来看，增强现实（简称AR）与虚拟现实（简称VR）是区别明晰的两组概念，它们位于“现实－虚拟连续统一体”的不同位置[①]，并展现出对技术、环境、叙事等角度的不同理解。

第一，从空间关系来看，VR 是封闭的，展现了对虚拟世界空间的依托，旨在完全切断与现实世界的联系，让用户完全沉浸在电脑所生成的空间替代品；AR 是开放的，展现了对真实空间的依托，旨在建立与可见物理世界的关联，让用户在一个中介性的生成空间中漫游。尽管两个概念都源于现实，但是它们对待现实空间的逻辑正好相反。一方面VR 采取的方式是取代现实、替换现实，使现实成为虚拟，另一方面AR 采取的方式则是增强现实、补充现实，使虚拟回归现实。

第二，从感官体验来看，在VR 环境中，用户的感官被计算机控制，沉浸在一个通过抑制真实环境来模拟真实环境的系统中，通过“视觉包裹”形成了一个 360 度的全景屏幕，通过“听觉包裹”形成了一个全景虚拟立体声道，并在新的技术发展下，朝着对全感官的包裹方向发展；在AR 环境中，用户的感官并没有完全脱离真实环境，反而被计算机增强，为用户角色提供了与现实中的对象进行交互的机会。从理论上说，理想的VR 形式是无形的，其外观、触感、声音和气味都与物理世界相似；理想的AR 形式应

① 本书第一章曾解释过“现实－虚拟连续统一体”。

该包括与物理设备没有区别的增强功能，即从感觉上来说，“增强世界”与“未增强的世界”具有感知的共同性。换句话来说，如果虚拟现实遵循的是“视网膜就是屏幕”，增强现实遵循的就是“空间就是屏幕”。

第三，从交互方式来看，VR 的交互主要通过用户在现实空间中的行为去影响虚拟空间中化身（avatar）的行为，从而对虚拟空间进行交互触发；AR 的交互通过用户的主体交互行为，同时并置发生在真实空间与虚拟空间之中，激活两个层级的反馈。一般而言，VR 交互虽然调用了人的身体，但是与人所处的环境无关。也就是说，同一个虚拟现实内容，在家庭场域观看还是在电影院观看，其效果都是相同的；AR 交互既需要调用人的身体，又与人所处的具体环境密切相关，同样的AR 内容一般只能在固定的位置产生效果。

第四，从媒介叙事来看，VR 叙事是基于主体性的叙事，倾向于实现用户与虚拟环境、虚拟角色之间的本能交互叙事。AR 的叙事是基于媒介间性的叙事，用户除了对虚拟环境、虚拟角色进行叙事，还需要兼顾真实环境、真实角色的叙事，并在无边界的可能世界中感受到来自文本、声音、图像、影像等多种媒介与真实空间叠加之后的中介化叙事（见表 4-2）。

表 4-2　媒介观点下的虚拟现实叙事与增强现实叙事

角度	虚拟现实叙事	增强现实叙事
空间关系	封闭的； 沉浸的空间替代品； 取代“现实”、替换“现实”	开放的； 中介性的空间漫游； 增强“现实”、补充“现实”
感官体验	全感官的包裹； “视网膜就是屏幕”	感官未脱离真实环境； “空间就是屏幕”
交互方式	化身交互行为； 与人所处的环境无关	主体交互行为； 在固定的位置产生效果
媒介叙事	主体性叙事； 本能交互叙事	媒介间性叙事； 中介化叙事

空间的观点

麦金太尔等学者曾经指出，在增强现实媒介的发展过程中，人们往往先入为主地放大了它的“虚拟性”，从而使其丢失了“现实性”。[①] 媒介的观点实际上依旧是将增强现实叙事当作数字媒介叙事本体的一部分。这样的推论与界定使其成为一个“危险”的观点。从另一个维度来看，本书从一个非典型的“增强现实”作品《奥特·班霍夫视频漫步》（*Alter Bahnhof Video Walk*）出发，来重新反思基于“空间性”的增强现实叙事概念。

《奥特·班霍夫视频漫步》的作者加拿大艺术家珍妮特·卡迪夫（Janet Cardiff）与乔治·布雷斯·米勒（George Bures Miller）致力于创作“Walk”系列作品[②]。从《浴室故事》（*Bathroom Stories*，1991）到《爱丁堡夜行》（*Night Walk for Edinburgh*，2019），几乎所有的漫步作品都旨在将移动的屏幕当作一种便携式的电影院。伴随不同事情的展开，观众就像当时的摄影师一样，在观看过程中会下意识地跟随场景的变化而移动空间的视角，并努力对准拍摄镜头的确切位置，使其深深感受到这些事件的存在。

2012 年，他们在第 13 届德国卡塞尔文献展上展出了为德国卡塞尔旧火车站设计的影像作品《奥特·班霍夫视频漫步》。作品的目的不再是被动观看，而是主动参与。在体验中，参与者被提供了一个带耳机的iPod，在小屏幕中观看在相同的车站场景中拍摄的不同时间的视频影像，塑造了包括神秘的红衣女子、演奏的音乐家、芭蕾舞者、不听话的狗及拉着行李箱的女人等在内的视觉场景，在耳机中听到艺术家的讲述与引导词、古典音乐的背景音、偶尔出现的狗吠声、一段老人的讲述等声音（见图 4-1）。

---

① MACINTYRE B，et al. Augmented reality as a new media experience［C］// Proceedings IEEE and ACM International symposium on augmented reality. New York：IEEE，2001：197-206.

② Alter Bahnhof video walk［EB/OL］.（2021-03-02）［2022-05-20］. https://cardiffmiller.com/walks/alter-bahnhof-video-walk/.

图 4-1　作品《奥特·班霍夫视频漫步》，珍妮特·卡迪夫与乔治·布雷斯·米勒，2021 年[①]

第一幕，屏幕开启即展现出老火车站大厅的历史影像，而艺术家的声音告诉观众："我现在和你一起在这里，在卡塞尔的火车站。"耳机的封闭性营造了一种艺术家似乎只对这位参与者说话的亲密氛围，开启了整场叙事的背景。艺术家继续解释："这段视频将是一个实验。我们就像那些被困在柏拉图洞穴里的囚犯，观看着屏幕上闪烁的阴影。"艺术家提供令人充满不安与不可思议的感受之后，提出一些具体的操作方法，"尝试将您的移动与我的移动对齐，将屏幕向各个方向移动，就像我所做的那样"。在体验开启之前，艺术家通过一个屏幕进行引导，调整着观看者的轨迹，使其与艺术家在另一时间所录制的空间视频相对应，从而开启这场依附于视频的增强叙事。

第二幕，观看者跟随镜头的移动不断移动视角，而屏幕通过添加信息提供了空间的增强视图，使其同时是一个窗口、一个摄像头、一个便携式电影院、一个档案，以及一种与艺术家最初的录音保持一致的方式。在影像中，我们看到一位红衣女子在高层平台望向火车站中央，似乎在等待，

① 图片来源：https://cardiffmiller.com/walks/alter-bahnhof-video-walk/。

抑或在踌躇；我们看到音乐家们走过车站，遇到一位年轻的芭蕾舞演员，他们正在拍摄短片，但现场被一只狗打断，我们听到导演说“Cut，Cut，Cut”。这种微妙的过程似乎在提醒我们看到的大部分影像都是精心排练的，此次的视频漫游也不例外。

第三幕，镜头中出现一个带着行李箱的女人，让人想起发生在这里的强迫驱逐运动。跟随她的脚步，观众转过一个角落，碰见一位正在看照片的老人。他显然是在回忆战争时期，解释炸弹如何到处坠落，建筑物如何着火，街上有多少尸体等。艺术家实际上是借用老人的声音，讲述一位朋友的祖父被驱逐到奥斯威辛集中营的故事。此后，镜头指引观众聚焦火车站大厅中的纪念物区域。影像中的行动者抽出一本记载犹太大屠杀的纪念手册，不断翻看，似乎在回应这位老人所讲述的历史。

第四幕，场景从室内延伸到室外。此时影像中已是雪景。艺术家分享着自己对火车的恐惧，并回忆起一个关于火车的不安的梦。观众被引导到13号站台，这正是当时犹太人“登上火车”的站台。人们看见火车从这里出发，无论是影像中的火车，还是真实的火车，它们都朝着相同的方向驶出。此后，影像中的场景从白天转移到夜晚，就像是对历史的一种回溯。人们能够联想到，多年以前从这里出发的火车，带领着人们到达屠杀犹太人的营地，许多人未能返回。

尽管《奥特·班霍夫视频漫步》并不算一个严格的增强现实叙事作品，但是它提供了两个关键词。

第一个关键词是“叠加”，即基于特定地点而进行的虚拟与现实的场景“混合”，推动了体验者进入一个有感觉的空间，创造了一种历史意识，使其既能看到现在，又能感知过去。有评论家认为，这样的漫步实际上是一种反思历史记忆的过程，展现出德国纳粹时期的火车站在驱逐犹太公民方面的影响。[1] 作品尽管从未明确表示其主要关注的是犹太人大屠杀，但对空

① BERTENS L M F. Doing’memory：performativity and cultural memory in Janet Cardiff and George Bures Miller’s Alter Bahnhof Video Walk［J］. Holocaust studies，2020，26（2）：181-197.

间历史的提及为艺术家对记忆概念的反思创造了一个背景。这种将虚拟与现实的叠加是一种对现实增强的异质化体验，以至于参与者可以在夏季看到冬季的雪景，在白天看到夜晚的光景，并通过身体参与使其成为纪念特定事件的作品。

第二个关键词是"运动"，即在空间中运动的感知方式，能够有效地激发人们对环境的情感接受。作品将"视频步行"设定为一种活动，构成对火车站这一特定场所的感知活动，并强化了视觉和听觉感知，形成一种表演性、延伸性和感官沉浸的体验模式。有评论家深刻指出，《奥特·班霍夫视频漫步》的创新之处在于对运动作为场所的情感历史化进行了详细阐述，使其既是一种动作，又成为一种媒介。[①] 空间历史的物化是在多种相互依存的运动中发生的，不仅是步行者在空间中的运动，而且是媒体设备的移动、图像的移动、声音的移动，现代的信息与历史的信息在同一个地方进行传播，而参与者通过运动加强了其情感活动的能力。具体来说，参与者通过把运动作为一种行为和媒介进行探索，接受并响应这个地方，使其在情感上感受到某个被遗忘的东西，而不是被作品揭示、表现或解构的东西。增强现实叙事实际上是将"运动"维度（步行、观看、交互）赋予体验者，使其在运动中感知、理解和感受一个由虚构和现实共同组成的"叠加"信息流世界。在电影体验中，观众被一部与电影院环境历史无关的电影感动；在增强现实叙事体验中，步行者则被一个混合（虚构和真实）的地方感动，因为他积极地参与了这个环境的建构过程。在增强现实叙事中，运动会引导观者在繁杂的信息中聚焦注意力的方式，同时强化感知，从而实现空间的情感历史化过程。

因此，我们亟待将基于"媒介性"的增强现实叙事融入基于"空间性"的观点之中，既要保持增强现实叙事对数字媒介叙事基本属性的坚持，又

---

① ROSS C. Movement that matters historically：Janet Cardiff and George Bures Miller's 2012 Alter Bahnhof Video Walk［J］. Discourse，2013，35（2）：212-227，290.

要注意到增强现实叙事是一个基于地理位置的重要叙事方式。只有这样，增强现实才能把握住数字媒介赋予的“此时”与地理空间营造的“此地”。

第二节 叙事学视野下增强现实媒介的“叙事冲突”

作为世界的文本与作为游戏的文本

玛丽－劳尔·瑞安从语言功能、语言实质、意义、受众态度、行为类型、形式、偶然性、空间概念、受众要求和批判性类比等十个维度探讨了作为世界的文本（the text as world）与作为游戏的文本（the text as game）的区别（见表 4-3）。[①] 值得注意的是，这里的“文本”并不完全指实际的书面文本，它同时可能是图片、绘画、视频、游戏、建筑，甚至是 AR 应用程序。换句话来说，事实上任何具有象征意义的东西都可以成为“文本”。

一是语言功能。作为世界的文本是建构式的，它好比一面镜子，受众不是简单地聚焦在镜子的平面上，而是深入镜子内部，在作为幻觉的系列现象中发现真实，发现自己。作为游戏的文本是解构式的，它就像一个工具箱，需要由受众在开放且可重构的游戏世界中自行对“可再生资源”进行组合与搭建，从而形成一个包含大量潜在文本矩阵的关系网络。

① RYAN M-L. Narrative as virtual reality 2：revisiting immersion and interactivity in literature and electronic media［M］. Baltimore，Maryland：Johns Hopkins University Press，2015：131.

表 4-3　作为世界的文本与作为游戏的文本的隐喻特征比较

隐喻特征	作为世界的文本	作为游戏的文本
语言功能（function of language）	镜子（虚拟映像），图像	立方体、矩阵、工具箱
语言实质（substance of language）	透明	不透明，可见
意义（meaning）	垂直的，文本信息需要用输入的知识来补充	平行的、流动的完全包含于文本中
受众态度（reader's attitude）	非自我指涉，愿意搁置怀疑	自我指涉，清晰的，拒绝幻想的
行为类型（type of activity）	探索，漫游	表面冲浪，建构，排列，变化
形式（form）	形式与内容的有机统一	形式作为外骨骼，强调任意的内容形式限制
偶然性（role of chance）	消极	既是积极的（话语主动），又是消极的（由多因素决定）
空间概念（conception of space）	文字所代表的空间：环境、景观区域、地理学场所	文字所占据的空间：数字的排列、单元间的通达关系网
受众要求（requirements）	一般语言能力和文化素养，基本生活经验	专门的文化能力和学习能力
批判性类比（critical analogy）	可读的	可写的

注：参见玛丽-劳尔·瑞安《作为虚拟现实的叙事 2：重思文学与电子媒体中的沉浸感和互动性》。

二是语言实质。在作为世界的文本中，当受众沉浸在文本语言世界中时，媒介不再是显著的，而是呈现出一种透明状态，成为通往虚构世界的通行证，将受众带入另一个现实。在作为游戏的文本中，受众的沉浸并不会让媒介得以透明，而受众的注意力会指向语言（或者语音）的可见性之上，并经由语言的运用集中在韵母、重音、拟声词、回文、书法等方面。

三是意义。作为世界的文本是纵向的、垂直的、相对固定的，其意义的生产需要一个具体的对象，即让文本世界对象的属性与现实世界中的对应物产生纵向的联系，使人物和环境生动起来，这样才能营造出沉浸体验。[①] 作为游戏的文本则是横向的、平行的、流动的，其意义的生产不在于预先的文字编码与意义设置，而在于受众当下对多种语词、图像之间耦合关系的策略配置。

四是受众态度。作为世界的文本涉及非自我指涉，是社会属性的，往往搁置怀疑、暂时放下敏锐的洞察，从而使受众沉浸在某种文本世界中。作为游戏的文本涉及自我指涉，是具身属性的，需要受众保持清醒的思考和高度的专注，往往对文本是祛魅的，并拒绝一切幻想的事物。

五是行为类型。作为世界的文本的行为类型可以与第一点语言功能相联系，基于建构的语言功能，适合于探索、漫游等行为。它们通常是你访问一个新世界需要做的事情，这些行为与智力程度、成熟程度无关，而与你的本能相关。作为游戏的文本的行为类型基于解构的语言功能，适合于表面冲浪、建构、排列、变化等行为。它们通常被认为是一种意义的建构，并需要一定的知识程度。因此，如果实现互动和叙事的结合，那么在这种全新的叙事形式（或者说互动形式）中将会实现探索和游戏活动的统一。[②]

六是形式。玛丽 – 劳尔・瑞安形象地用骨骼来比喻两种不同情况。作为世界的文本坚持形式与内容有机统一的古典理想，其形式由内容决定，并像内部骨架一样支持着文本内容。作为游戏的文本则打破了古典关系，而将形式视作外骨骼，将内容视作形式的填充物。正如我们看到的，游戏是由任意的规则构成的，而文学文本模仿游戏，游戏规则在这里对应着文

① 聂文涛. 玛丽 – 劳尔・瑞安互动诗学研究［D］. 长沙：湖南师范大学，2021.
② 聂文涛. 玛丽 – 劳尔・瑞安互动诗学研究［D］. 长沙：湖南师范大学，2021.

本的形式，作为外骨骼约束并统摄着文本的内容。

七是偶然性。作为世界的文本对偶然性明显秉持着消极态度，对于“接受幻觉”（或者说能够建立幻觉世界）的受众而言，实际上代表着传统的作者 – 读者观，即作者是世界的造物主，而读者受到作者在文本范围内的约束。文本的偶然性一旦加入，整个文本世界将呈现出不稳定的状态，是对沉浸感的破坏。作为游戏的文本则对偶然性呈现出一定的暧昧状态。从积极的方面来看，偶然性在制造一种随机的诗学意义上能够打破原有文本的沉闷与窠臼；从消极的方面来看，随机排列的语言也可能造成能指的堆砌，走向语义的荒漠。

八是空间概念。作为世界的文本展现出一种文字所代表的空间，即空间是一个可居的三维环境，一个可旅行的景观区域，一个可以及时发现的地理学场所，由角色从一个位置到另一个位置的身体运动来实现映射。它并不具有特定的功能，只是让读者去探索、观赏。作为游戏的文本则展现出一种文字所占据的空间，即空间是一个二维（甚至三维）的运动场地，其每个区域具有特定意义与功能，并经由类比、对立、电子链接等方式形成巨大的地理关系网络。其文本单元之间的关系紧密，相互影响。读者在这里与其他人或是环境本身展开竞争。

九是受众要求。作为世界的文本要求的理解门槛较低，其受众主要为大众，具有基本的语言能力、文化素养及生活经验，即可进入文本的虚构世界。作为游戏的文本要求的理解门槛较高，常常要求受众是某一方面的精英，需要某一部分的专门文化能力，甚至需要专门的学习能力，如游戏的规则、文本的隐喻、信息的拼合都需要一定的能力才能进行解读。

十是批判性类比。罗兰・巴特在《S/Z》中提出，“文学工作的目的在于令读者成为生产者，而非消费者”[①]，之后提出“可读性”与“可写性”的概念。玛丽 – 劳尔・瑞安借助这一概念对两个文本进行了隐喻。作为世界

① 艾伦. 导读巴特［M］. 杨晓文，译. 重庆：重庆大学出版社，2015：104.

的文本是可读的，即受众在再现式的模型中被动接受。这样的阅读行为暗含了作者凌驾于读者之上的权力关系，只能让人阅读，无法引人写作。作为游戏的文本是可写的，即受众在生产式的模型中主动追求变化与重构。这样的文本追求的是一种生产式的阅读，并能引人写作。

整体来看，图表的两极分化思维实际上已经间接表明了作为世界的文本与作为游戏的文本两个隐喻特征之间的不可兼容性。[①] 但是，增强现实叙事的文本思维中既包含作为世界的文本的建构思维，又包含作为游戏的文本的解构思维；既需要一种探索式、漫游式的行动，又需要一种建构、排列、变化的交互行为；既涉及对现实空间中的环境、景观、地理要素进行生产，又涉及对媒介空间中的运动场地进行特定的意义功能建构。因此可以说，增强现实媒介的叙事模式是一种面向总体论的艺术，需要发挥空间层与媒介层的总体潜能，从而实现空间探索和游戏活动等多重意义的统一。

沉浸诗学与交互诗学

上文提出的两种文本的生产模式对应着两种不同的诗学样式，即作为世界的文本对应着沉浸诗学，作为游戏的文本对应着交互诗学。从本质上来看，“沉浸”与“交互”是一对在叙事理论中复杂且充满矛盾的关键词。沉浸诗学被视为在时间和空间中进行思考，产生心流的美学体验；交互诗学被视为在参与过程中进行思考，要求观众即刻做出反应，从而完成

① 针对玛丽－劳尔·瑞安在《作为虚拟现实的叙事 2：重思文学与电子媒体中的沉浸感和互动性》原书中对作为世界的文本与作为游戏的文本的隐喻特征比较的十点阐述，其中的表格内容为原文翻译，其中的正文叙述内容则是部分基于原文翻译，部分进行重新逻辑组织，二者的表述偶有不完全对应。建议对照英文原文进行对比阅读。

挑战的美学体验。[①] 当受众沉浸在一种空间体验中时，给予受众一种交互的叙事，他们势必会走出沉浸的感官体验；在受众全身心进行交互游戏时，不同的选择及不同的动作会让场景情况不断更迭，很难让其进入沉浸的状态。

人类诞生以来，沉浸与交互就是一对矛盾的对立体。在原始社会，沉浸主体是心灵，而交互主体是身体。按照德国艺术史学家恩斯特·格罗塞（Ernst Grosse）的叙述，原始艺术可以分为“静的艺术”和“动的艺术”，“前者通过静物的变形或结合来完成艺术家的目的，而后者是用身体的运动和时间的变迁来完成艺术家的目的”[②]。其中，动的艺术包含巫术仪式中的歌舞、祭祀活动中的戏剧表演、协调劳作的原始音乐，它们都反映着原始人类通过看似粗拙、幼稚的“身体”文本，利用情感与意志支配动作，最终经由身体的活动来表达审美历程；静的艺术包含古老的壁画、陶器、瓷器等，它们是原始人类通过内心对世界的理解绘制的。从苏格拉底、柏拉图的“二元论”到笛卡儿的“我思故我在”，身体与心灵更加独立，发展为两个相对的个体。其中，身体被认为是物理的、世俗的、机械的，心灵则是神秘的、至关重要的。“身心二元”的观念影响着印刷媒介、电视媒介等大众媒介对人类感知器官进行切割，将每一种感官从身体的整体性中剥离并加以延伸，形成了图像、音响、文本等表面化的界面，同时使身体（这里也可以说是“交互”）与心灵（这里也可以说是“沉浸”）的隔阂越来越大。

《赛博空间、虚拟性和文本》一文指出：“通过沉浸，受众体验了‘仿品’，由电脑投射而成的非物质世界成了一种物理存在的现实，人们可以通过身体的运动与它发生联系；通过交互，人们可以在模拟系统中将一个蕴

① 孙莹. 文本魅力与机器特性：对互动剧内容特质主导要素的探究［J］. 科技传播，2021，13（22）：135-137.

② 格罗塞. 艺术的起源［M］. 蔡慕晖，译. 2 版. 北京：商务印书馆，1984：40.

含着能力的可能世界现实化。”[1]除了传统艺术形式，数字媒介叙事中的沉浸诗学与交互诗学之间的对立也越发明显，并重点体现在身体与心灵、作者与受众等诸多方面。

一方面，沉浸诗学与交互诗学之间有着行动上的对立矛盾，即沉浸更注重心灵的叙事，而交互更在意身体的叙事。基本上，前文提到的“静的艺术”与“动的艺术”，以及在“身心二元”观念下所形成的艺术隔阂都证明两者在行动上的矛盾。在数字媒介叙事的过程中，沉浸文本往往需要连续的叙事过程，受众被动接受故事叙述，只把注意力放在故事上，从而产生心流[2]，进入忘我的状态。一旦交互文本出现，心流体验就会中断，使受众在碎片化叙事中走出故事本身。增强现实叙事的媒介行为种类较多，并需要在多种行为中转换，因此需要找到一个居中的要点。

另一方面，沉浸诗学与交互诗学之间有着作者与受众之间主体性关系的矛盾。沉浸式作品往往体现着自上而下的作者力量，即作者是创作的主体，渴望完整地把控叙事节奏，从而控制受众的情感反应。与之相反，交互式作品体现着自下而上的读者力量，即受众是创作的主体，渴望进行本能的交互，在自己的叙事节奏中了解整个故事，并决定整个故事的走向。如果在增强现实叙事中给予受众过高的自由度，要么普通的受众很难理解交互行为逻辑，影响整个内容的叙事，要么精英的受众在掌握交互之后，不跟随叙事的逻辑前行，而是将增强现实变成“电子涂鸦”。如果在增强现实叙事中给予受众过低的自由度，增强现实媒介就失去了自身的交互过程，同样无法让受众理解叙事内容的意义。因此，两种诗学需要在作者的控制与受众的自由之间寻找一个平衡点，让受众既能感受到沉浸于故事中的叙

① RYAN M-L. Cyberspace textuality：computer technology and literary theory［M］. Bloomington，Indiana：Indiana University Press，1999：89.

② 美国心理学家米哈里·契克森米哈赖首次从心理学角度提出“心流”（Flow）概念，并将其描述为：“完全专注或者完全被手头的活动或现状所吸引。”同时他认为，参与者所面临挑战的难度和沉浸空间的表现要达到一个平衡，如果挑战太难或者太容易，主体就会漠不关心，进而不会产生心流状态，缺失沉浸感。

事乐趣，也能感受到交互过程中的自由控制。

第三节　从对立到统一：作为中介的间性结构

由前文可知，增强现实媒介最大的难点就是将沉浸诗学与交互诗学有机结合，从叙事层面实现其媒介调和及美学生长。按照玛丽－劳尔·瑞安的说法，沉浸与交互之间一直都存在相互合作的先例，沉浸与互动之间的相悖并不绝对。这为增强现实叙事的建立提供了一定的理论依据。她同时提出，目前最好的折中办法就是将作为游戏的文本（这里提出的交互诗学）和作为世界的文本（这里提出的沉浸诗学）视为对同一事物的互补观点，就像现代物理学中使用波和粒子的隐喻作为光的替代概念一样。[1] 因此，增强现实叙事需要创建一种新的“间性”思维，这样才能让两种理念从对立走向统一。

间性的定义及其理论阐释

“间性”这一术语最早出现在生物学中，代表着一种对“雌雄同体性”（intersexuality）现象的描述。此后，相关的术语为人文社会科学工作者所使用，将生物学中的“intersexuality”延展为人文学科中的“interality”，用于表示哲学视域下一般意义上的关系或联系。

从地域性来看，中国很早就创设了一系列与“间性”相关联的基本范畴，包括《周易》中的“变易”“阴阳”“太极”等概念，儒家经典中的“中庸”“有无”等说法，都与古希腊哲人所创的诸如存在、实体、本质、

① RYAN M-L. Narrative as virtual reality 2：revisiting immersion and interactivity in literature and electronic media［M］. Baltimore，Maryland：Johns Hopkins University Press，2015：136.

真理、上帝等范畴有着极大的区别。美国格兰谷州立大学商戈令教授甚至认为，“间性”是中国哲学的开端，即中国哲学将“间性”预设为世界万物生成运行的基础和开端来思考。[①] 因此，基于间性的概念与思维很早就贯穿于中国哲学及传统文化中。

从世界性来看，“间性”的概念及其哲学意蕴涉及组成、时空、间隙、距离、角度、环境、秩序、位置、变化、过程、关系、连贯、全体等与实体相关却不相属的存在因素，具有一定的复杂性。[②] 更确切地说，西方视域下的“间性”概念实际上是具象化于主体间性（inter subjectivity）、文本间性（inter textuality）、文化间性（inter euiturality）、媒介间性（inter mediality）等诸多理论观点之中。

其一是主体间性。德国著名现象学哲学家胡塞尔在批判笛卡儿的主体性哲学的基础上，提出从“主体性”到“主体间性”的理论转向。此后，马丁·海德格尔（Martin Heidegger）的“此在与共在”，伽达默尔的“视域融合”、哈贝马斯的“交往理性”等都不同程度地试图克服主客二分的近代哲学思想与思维模式，强调主体与客体之间的动态关系。此外，主体间性是文本间性、文化间性、媒介间性等诸多观点的哲学基础。

其二是文本间性。法国后结构主义批评家朱丽娅·克里斯蒂娃（Julia Kristeva）在《符号学》（*Semeiotikè*）一书中提出“文本间性”，又译为文间性、互文性、文本互涉。作为解构主义批评的中心话语，它通常用来指称两个或两个以上文本在交互参照、交互指涉的过程中产生的互文关系。

其三是文化间性。约斯·德·穆尔（Jos De Mul）从文化传播的角度提出建立“文化间性阐释学”（intercultural hermeneutics）的必要性，同时提出需要从“经验视界”的常用隐喻出发，将阐释学的诠释构想成视界拓展、视界融合和视界播撒。[③] 这一从文化间性角度出发的观点，实际上提出一种

① 方松华. 求道：在古今中西之间［M］. 北京：商务印书馆，2019：14.

② 宫承波，徐晓宁. 新传媒：2018.1［M］. 北京：中国广播影视出版社，2018：211.

③ 穆尔，麦永雄，方頠玮. 阐释学视界：全球化世界的文化间性阐释学［C］// 汝信. 外国美学：第二十辑. 南京：江苏教育出版社，2012：312-336.

主体间性在文化领域上的具体表现形式。也就是说，文化间性是从属于两种不同文化主体（通常是国家、民族等）之间及其生成文本之间的对话关系，它的本质凸显了不同文化之间的可沟通性。其后，哈贝马斯从文化的“差异”与“同一”的关联性出发，进一步提出文化间性理论的方法论思路，即在不同文化之间要秉承相互尊重、相互相涉，从而达到文化之间的共生、共存。[①]

其四是媒介间性。维尔纳·沃尔夫（Wenner Wolf）认为，广义的媒介间性涵盖不同媒介间的任何关系，狭义的媒介间性聚焦人类艺术作品中一种以上媒介参与的现象。[②] 正如学者菲利普·奥斯兰德（Philip Auslander）所提出的电视是电影、戏剧、广播等媒介融合的形式[③]，本书提出的增强现实媒介实际上目前已存在多种媒介的融合，而本书所定义的增强现实媒介叙事就是指基于媒介间性的叙事。

基于媒介间性的增强现实叙事

“媒介间性”的概念起源于20世纪60年代激浪派艺术家迪克·黑根斯（Dick Higgins）的跨媒介理念。作为一种从先锋音乐领域演变出的艺术形式，这种跨媒介的创作观念实际上是将已经建立的多种艺术形式进行整合与重组。尤尔根·E. 米勒（Jürgen E. Müller）认为，这种以跨媒介为观念的媒介间性是对马歇尔·麦克卢汉“媒介杂交”（media hybridity）概念的延

① 谢伦灿. 文化概念的时代阐释［M］. 北京：华龄出版社，2020：238.

② WOLF W. The relevance of mediality and intermediality to academic studies of English literature［J］. Swiss papers in English language and literature，2008（21）：15-43.

③ AUSLANDER P. Liveness［M］. London and New York：Routledge Taylor and Francis Group，2008：14.

展。[①] 然而，相较于媒介杂交理论对固定边界的坚持，媒介间性实际上淡化了媒介之间的固定边界，更加注重技术融合带来的新旧媒介边界消失引发的内容生产等方面的变化（见表 4-4）。

表 4-4　媒介间性与媒介融合研究方法比较

维度	媒介融合	媒介间性
基本含义	聚合在一起、不同媒介有相似性	不同媒介之间的关系
学术背景	技术科学、经济学	人文、文学、媒介研究
理论基础	传播理论、经济理论	文本理论、艺术理论
社会背景	信息社会的政治与经济学	改变中的文化形式与传统
与技术的关系	技术中心论与决定论	文化中心论与决定论
媒介变革	变革、突破	进化、持续性
未来媒介	超级媒介，媒介的概念因此相互发生联系	不同的媒介，但是它们的关系会重新接合

注：参见上海交通大学张玲玲《媒介间性理论：理解媒介融合的另一个维度》。

克里斯托弗·巴姆（Christopher Balme）曾总结媒介间性的三种研究范畴：第一，一个创作主题从一种媒介转移到另外一种媒介；第二，媒介间性是文本间性的一种特殊形态；第三，在不同的媒介中，对某一种特定媒介的美学传统进行再创造（re-creation）。[②] 本书所定义的增强现实叙事实际上是第三种研究范畴，即在融合多种已存在的媒介的基础上，进行其叙事传统的梳理与研究。上海交通大学张玲玲在《媒介间性理论：理解媒介融合的另一个维度》一文中阐述了媒介间性与媒介融合的关联性。她认为，媒

① MÜLLER J E. Intermediality revisited：some reflections about basic principles of this axe de pertinence［M］//ELLESTROM L. Media borders，multimodality and intermediality. London：Palgrave Macmillan UK，2010：237-252.

② BALME C. Intermediality：rethinking the relationship between theatre and media［J］. Thewis，2004（1）：1-18.

介间性与媒介融合的相同点是对新旧媒介之间关系的关注，不同的是，媒介融合侧重媒介技术维度的关系，而媒介间性侧重媒介文化维度的关系。[①] 尤哈・海尔克曼（Juha Herkman）提出，媒介融合与媒介间性代表着不同的媒介观，媒介融合是技术中心论，而媒介间性是文化中心论。[②]

本书认为，基于增强现实媒介在空间上的重叠性、视觉上的透明性、互动上的弥漫性，增强现实叙事可以成为一种基于媒介间性的叙事形式。浅层次的媒介间性逻辑是指多种媒介的融合，即增强现实叙事在某种程度上需要如影像叙事般将文字、图像、声音等要素融合其中，形成一种基于感知的媒介形式。著名国际艺术设计杂志*LEONARDO* 于 2020 年刊登了多伦多大学利龙・埃弗拉特（Liron Efrat）的文章《REALational Perspectives：移动增强现实艺术的扩展策略》。文章指出，增强现实艺术通过将实体环境扩展为虚拟环境，从而展现出我们所处的情境，并成为一种强大的行动主义工具，从而鼓励我们利用超越熟悉的物质现实去进行思考。从某种程度上来说，增强现实不再是一个沙漠，而是一个领域的聚合，其中的元素总是被解释为相互关联的。[③] 深层次的媒介间性逻辑形成一个新的间性解构，从而将沉浸诗学与交互诗学进行调和。如图 4-2 所示，这一间性结构既是处于真实空间与虚拟空间之间的第三空间（后文提出的“片基空间”），又是在作者与受众之间引入的第三主体（后文提出的“受述者”），还是在空间行为与媒介行为之间引入的第三行为（后文提出的“中介行为”），最终形成了沉浸叙事与交互叙事之间的第三叙事（后文提出的“中层叙事”）。值得强调的是，与其说间性结构是针对自身逻辑的建构，不如说它的核心

---

① 张玲玲. 媒介间性理论：理解媒介融合的另一个维度［J］. 新闻界，2016（1）：12-18.

② HERKMAN J. Intermediality and media change［M］. Tampere：Tampere University Press，2000：17.

③ EFRAT L. Realational perspectives：strategies for expanding beyond the here and now in mobile augmented reality（AR）art［J］. Leonardo，2020，53（4）：374-379.

目的仍然是对沉浸诗学与交互诗学的关系建构。后文将会对这一间性结构进行更详细的叙述。

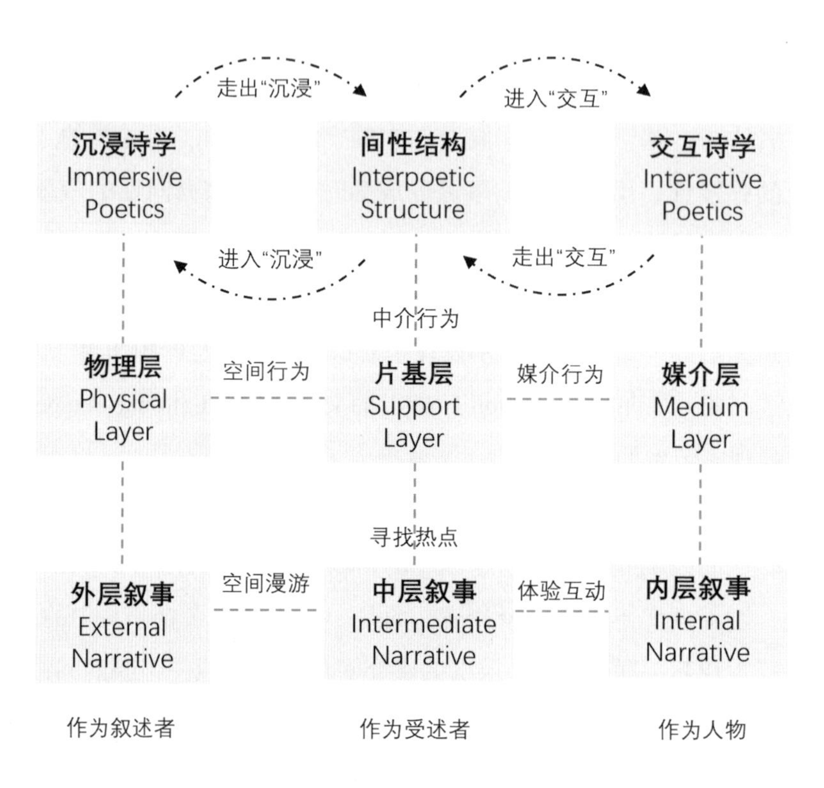

图 4-2　沉浸诗学与交互诗学之间的间性结构

第五章

基于“分层”结构的增强现实叙事模型

Augmented Reality Narrative Model Based on the Stratification Structure

第一节　叙事的表层结构：叙事交流模式的迁移

申丹与王丽亚在《西方叙事学：经典与后经典》一书中研究了叙事学的整体历史，发现了一个奇怪的现象：“后经典叙事学家们往往认为经典叙事学已经过时，但在分析作品的时候，他们常常以经典叙事学的概念和模式为技术支撑。”① 从本质上来看，增强现实叙事无疑属于后经典叙事的一部分，但是其叙事模型的建构同样需要回到经典叙事学的本体框架中来研究。

什洛米斯·里蒙－凯南（Shlomith Rimmon-Kenan）从叙事的本质问题出发提出对叙事模型的建构。他认为叙事主要包含两层意义，其一是指交流的过程，包括信息发出者将信息传递至接收者的过程，其二是指用来传递信息的语言媒介。② 其中，叙事的交流过程是叙事结构的外在表现，无论是文字媒介还是非文字媒介，它们都具有信息的发出者与接收者；而信息生产（或者传递信息的媒介）则是叙事结构的内在逻辑。不同的媒介具有不同的独特属性，如文字媒介的叙事由其语言属性决定，区别于非文字媒介的电影、舞蹈、绘画等叙事。所谓叙事模型就是建立在表层结构与里层

① 申丹，王丽亚. 西方叙事学：经典与后经典［M］. 北京：北京大学出版社，2010：6.

② RIMMON-KENAN S. Narrative fiction：contemporary poetics［M］. London：Routledge，2002：2.

结构之间所形成的向读者传递故事及其意义的方法论。

传统的叙事交流模式

长久以来，无论是美国芝加哥学派韦恩·克莱森·布斯（Wayne Clayson Booth）提出的“作者 – 作品 – 读者”的叙事交流三要素，美国语言学家罗曼·雅各布森（Roman Jakobson）提出的“说话者 – 信息 – 受话者”的交际过程三要素，还是当代叙事学家华莱士·马丁（Wallace Martin）提出的“说者 – 信息 – 听者”的叙事交流过程，叙事的表层结构基本上都可以总结为“作者 – 文本 – 读者”三层关系，即展现叙事作为一种交流的本质，其目的在于向读者传递故事及其意义。[①]

其后，传统的叙事交流模式被叙事学家西摩·查特曼扩展，并为众多叙事学者采纳。如图 5-1 所示，他在《故事与话语：小说和电影的叙事结构》一书中提出“叙事 – 交流情境示意图”，展现了叙事表层结构中真实作者、隐含作者、隐含受众、真实受众[②]之间的逻辑关系，其中虚线表示一种隐性的链接，实线表示一种显性的链接，方框确定了叙事的范围，而括号表达了一种可选项。“叙事 – 交流情境示意图”实际上是基于其叙事二分法（故事与话语）提出的表层结构，可以从三个层次进行剖析。

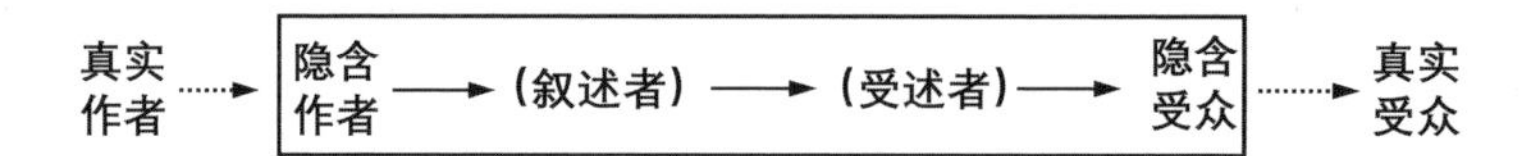

图 5-1　传统的“叙事 – 交流情境示意图”

（参见西摩·查特曼《故事与话语：小说和电影的叙事结构》）

---

① 申丹，王丽亚. 西方叙事学：经典与后经典［M］. 北京：北京大学出版社，2010：13-16.

② 在徐强的译本《故事与话语：小说和电影的叙事结构》中，reader 被翻译为读者，是基于西摩·查特曼对小说、电影等叙事模式的称呼，更普遍的使用方法应该为“受众”，即摆脱了单一的阅读的屏障。因此，本书翻译为真实受众与隐含受众。

第一，真实作者与真实受众位于叙事之外，以虚线相关联，展现了传统的作者－读者观。一方面，真实受众是普遍存在的，但是在不同的叙事场景中受众有着不同的称谓，包括书本叙事的读者、电影叙事的观众、旅游叙事中的游憩者。另一方面，真实作者也是普遍存在的，但是小部分的叙事作品亦可能存在集体创作（例如电影、电视）、由漫长时期中完全不同的人群创造（例如民歌、部分古代诗词）、由电脑随机生成创造（例如分形艺术）等多种形式。

第二，隐含作者和隐含受众位于叙事之内，以实线相关联。其中，隐含作者既涉及作者的编码，又涉及读者的解码。如果说真实作者是日常生活中利用自己背景经验写作小说的人，隐含作者就是创作过程中的真实作者在叙事内部的身份代理，是叙事文本的直接创造者。按照韦恩·克莱森·布斯的观点，这一称谓是“隐含替身”，是“正式的书记员”，也是作者的“第二自我”，读者从这个人物身上取得的画像是最重要的效果之一。[①]与隐含作者相对的是隐含受众。他是隐含作者心目中的理想读者，是叙事所预设的受众，位于完全能理解作品的理想阅读位置。

第三，叙述者与受述者是文本内部叙事信息的发出者与接收者，括号展现出一种可选状态。用杰拉德·普林斯（Gerald Prince）的话来说，二者都强调“铭刻在文本之中”[②]，是文本话语层面的交流关系，而非整体叙事层面的关系。换句话说，此二者的关系展现出一种视角问题，与热拉尔·热奈特的“叙述视角问题”（零聚焦－内聚焦－外聚焦），抑或赵毅衡的“叙述者框架论”（第一人称叙述－第二人称叙述－第三人称叙述）相关，而与之前的真实读者－真实受众、隐含读者－隐含受众等逻辑关系并非同一层次。

① 布斯. 小说修辞学［M］. 华明，胡苏晓，周宪，译. 北京：北京大学出版社，1987：80.

② PRINCE G. Dictionary of narratology［M］. Lincoln & London：University of Nebraska Press，2003：66.

基于增强现实媒介的叙事交流模式

美国佐治亚理工学院的布莱尔·麦金泰尔（Blair MacIntyre）等人曾在《作为新媒介体验的增强现实》中提出，就像互动叙事是虚拟现实研究的来源一样，电影与舞台制作是增强现实早期媒介形式的重要来源。[①] 电影导演通过镜头来实现影像叙事，而增强现实的叙事镜头由用户控制；舞台叙事的演员身处前台，而增强现实中的观众则像“拟剧理论”（social dramatic theory）所述的既是前区的表演者，又是后区的把关者。增强现实自然借鉴了电影、电视、戏剧的相关元素，如情景角色、演员和道具等，但对摄像机和注意力的控制并不由导演决定，而由观看者自身决定。因此，增强现实媒介中的真实受众的身份是区别于传统的“叙事－交流情境模式”中的。如图 5-2 所示，本书在传统的基于叙事二分法的“叙事－交流情境示意图”的基础上，结合增强现实媒介的实用特点，提出新的“叙事－交流情境示意图”，对三个逻辑层次的关系进行了一定的延展。

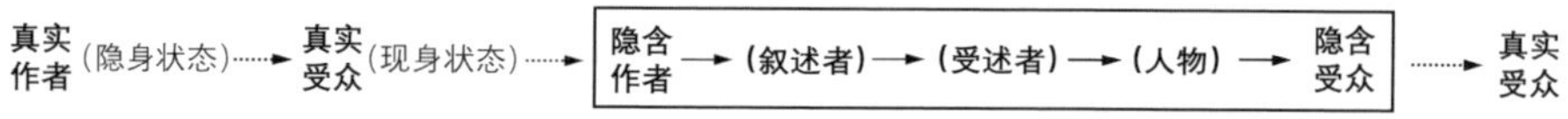

真实作者（隐身状态）……→ 真实受众（现身状态）……→ [隐含作者 → （叙述者）→（受述者）→（人物）→ 隐含受众] ……→ 真实受众

图 5-2　基于增强现实媒介的“叙事－交流情境示意图”

第一，真实作者与真实受众。他们的身份状态发生转变。真实作者处于一种特殊的隐身状态，从绝对的创作者变为相对的创作者，将整个叙事过程交给真实受众，但同时提前设置了叙事的重要节点，依旧把控着叙事的最终走向。真实受众同时出现在叙事的前端与末端，一方面在前端占据了新的作者主体地位，将自己的主观意识代入叙事结果之中，另一方面是

① MACINTYRE B，et al. Augmented reality as a new media experience［C］// Proceedings IEEE and ACM international symposium on augmented reality. New York：IEEE，2001：197-206.

末端的最终输出口。新的耦合关系使真实作者和真实受众同时成为增强现实叙事（或称作基于叙事三分法的叙事）的创作者。

第二，隐含作者与隐含受众。原来的真实作者对隐含作者的统摄力量消失，而真实受众有替代隐含作者进行叙事的倾向，并从叙事的外部走入叙事的内部。

第三，叙述者与受述者。原先真实作者无法成为人物的问题，在真实受众对叙事内部的参与生成之后被打破，叙述的视角被重新拓展。真实受众可以通过叙事三分法中的“行为”去选择自己成为隐含作者的身份属性，包括叙述者、受述者、人物。

第二节　叙事的里层结构：从二分法到三分法

“故事 – 话语”的二分法

自 20 世纪 60 年代学界“重新发现”俄国形式主义开始，几乎每位叙述学家都从“分层”的概念出发，来探讨叙事模型的建构问题。长久以来，西方叙事学者一般采用二分法来完成对表达对象与表达方式的区分。例如，茨维坦·托多罗夫、罗兰·巴特、让·里卡尔杜（Jean Ricardou）、西摩·查特曼、热拉尔·热奈特、什洛米斯·里蒙 – 凯南、米克·巴尔（Mieke Bal）等都将整个叙事学体系建构在这样的双层模式之上。

最早的叙事二分法概念名为“法布拉 – 休热特”模式。[①] 叙事中的“分层”概念源于俄国的形式主义。维克多·什克洛夫斯基（Viktor Shklovsky）

① 为了避免术语混乱，电影学家波德威尔直接用俄语拉丁化来拼写这两个词语，此后由波德威尔的中译者将其译为“法布拉”与“休热特”。参见波德威尔《古典好莱坞电影：叙事原则与常规》，李迅译，载《世界电影》1998 年第 2 期。

将叙事划分为法布拉（fabula）与休热特（syuzhet）两个层级。其中，法布拉是素材的一种集合，构成了作品的潜在结构；休热特从艺术形式上对素材重新安排，体现了情节结构的文学特性。[①] 一般而言，法布拉按照自然时序或因果联系排列，通常可以译为故事、本事、素材事件等；休热特强调时间上的重新排列组合，通常可以译为情节、文本表达等。此后，二分法的概念被更新为“故事 – 话语”模式。1966 年，法国结构主义叙事学家茨维坦·托多罗夫在其《文学叙事的范畴》一文中率先使用“故事”（histoire）与“话语”（discourse）二分法，更新了俄国形式主义者的观点。[②] 其中，叙事往往在故事层面聚焦事件与人物结构，在话语层面聚焦叙述者与故事之间的关系、时间安排等要素。1978 年，美国叙事学家西摩·查特曼出版叙事学重要著作《故事与话语：小说和电影的叙事结构》，强化了“故事”（story）与“话语”（discourse）二分法（见图 5-3）。此后，有让·里卡尔杜提出的“小说”（fiction）与“叙述”（narration）、罗兰·巴特提出的“故事”（récit）与“叙述”（narration）、伏飞雄提出的“事件”与“叙述”等两级分层模式，但基本都是“故事 – 话语”二分法的变形。

各国的叙事学家在二分法概念下不断产生新的定义，实际上造成了新的概念与已存在的术语互相错叠、纠缠不休。为了使意义更加清晰明了，中国学者赵毅衡将叙事的两层结构的本源定义为“底本 – 述本”模式，与上述“法布拉 – 休热特”“故事 – 话语”相对应。[③] 他在文章《论底本：叙述如何分层》中清晰地阐释了叙事二分法的核心观念。他指出，底本是一个可供备选的符号元素集合库，展现了叙述文本的聚合关系；述本则是对这一集合库进行选择操作的投影，展现了叙述文本的组合关系。从底本到

---

① SHKLOVSKY V. Sterne’s Tristram Shandy：stylistic commentary［M］//LEMON L T，REIS M J. Russian formalist criticism：four essays. Lincoln & London：University of Nebraska Press，1965：65.

② TODOROV T. Les catégories du récit littéraire［J］. Communications，1966，8（1）：125-151.

③ 赵毅衡. 论底本：叙述如何分层［J］. 文艺研究，2013（1）：5-15.

述本的转化，最重要的是选择及再现，也就是被媒介化赋予形式。按照赵毅衡的观点，几乎所有的叙事二分法都可以概括为“底本－述本”的模式。从“法布拉－休热特”到“故事－话语”，再到“底本－述本”，叙事的二分法实际上是对叙事本体的能指与所指的概括，用中国叙事学者申丹的话来说，叙事的二分法“有利于关注遣词造句的结构技巧、有利于分析处于语义层级的技巧”。关于部分叙事二分法的整理见表 5-1。

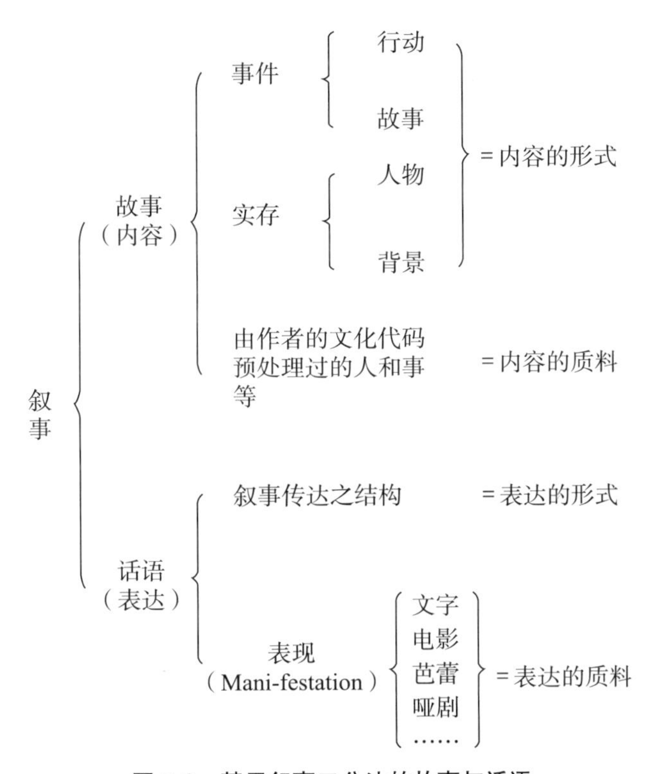

图 5-3　基于叙事二分法的故事与话语

（参见西摩·查特曼《故事与话语：小说和电影的叙事结构》）

表 5-1　关于部分叙事二分法的整理

二分法的阐述		代表人物
法布拉	休热特	维克多·什克洛夫斯基
故事 变形 1：小说 变形 2：故事	话语 变形 1：叙述 变形 2：叙述	茨维坦·托多罗夫、西摩·查特曼 变形 1：让·里卡尔杜 变形 2：罗兰·巴特
底本	述本	赵毅衡

“故事－话语－行为”三分法

杜克大学教授芭芭拉·赫恩斯坦·史密斯（Barbara Herrnstein Smith）抨击了二分法的叙事分层观。她认为：“双层模式不仅是叙事学，而且是整个文化理论的脚手架。”[①] 叙事的二分法主要涉及叙事本体的能指与所指，但在某种程度上忽视了叙述者的重要性。更确切地说，无论是口头叙事中的讲述者，还是书面叙事中的书写者，其叙事内容总是需要一个叙述行为来承载与发生。出于对叙述行为的重视，二分法概念不断被叙事学界修正，出现了关于叙事三分法的阐述。

叙事学者普遍将叙述者的重要性凝结在叙述行为上，认为“行为”是叙事的第三变量。法国文学批评家、叙事学家热拉尔·热奈特在《叙述话语》中首先提出了三分法的叙事框架，将话语分解为“话语＋产生话语的行为”，从而建立了“故事－话语－行为”的模型。[②]“故事”（histoire）是

① SMITH B H. Narrative versions，narrative theories［J］. Critical inquiry，1980，7（1）：213-236.

② GENETTE G. “Discours du reeit，” a portion of Figures Ⅲ［M］. Paris：Seuil，1972：71-76. 注：关于热奈特“叙事三分法”的中文翻译版本较多。在 1990 年的译本中，王文融将其翻译为“故事－叙事－叙述”；申丹与王丽亚在《西方叙事学：经典与后经典》一书中将其翻译为“故事－叙述话语－叙述行为”。本书认为，叙事三分法与叙事二分法既有相同点，又有核心区别，因此将其翻译为展现本质的“故事－话语－行为”。

指被叙述的事件，展现一种所指；“话语”（recit）是指叙述故事的语言，展现一种能指；“行为”（narration）是指产生话语的行为。此后，大量叙事学者加入对三分法的探讨，但是时常出现一些互为矛盾的现象。例如，以色列叙事学家什洛米斯·里蒙－凯南提出相似的“故事－文本－叙述行为”三分法。[①] 但是，他对热拉尔·热奈特的部分观点进行了批判式继承，包括热拉尔·热奈特将“叙述行为”定义为叙述话语的语态方面，从而使三分法重新瓦解成为二分法。[②] 荷兰叙事学家米克·巴尔同样提出“故事－叙述技巧－叙述文本”三分法模型，但是某种程度上除了故事层级，基本和什洛米斯·里蒙－凯南的模型相对立。[③] 其中，什洛米斯·里蒙－凯南的“文本”被米克·巴尔列入“叙述技巧”之中，而米克·巴尔的“文本”则被什洛米斯·里蒙－凯南解释为“叙述行为”。

除了传统叙事学者的观点，部分后经典叙事学家也对三分法进行了新的解读。例如，玛丽－劳尔·瑞安在《跨媒介叙事》一书中提出一套完整的叙事语法，包括语义、句法和语用三个元素。[④] 在叙事理论中，语义是对情节或故事的研究；句法是对话语或叙事策略的研究；语用是对故事讲述的使用及人类能动者在叙事表演中的参与模式的研究。认知叙事学者戴维·赫尔曼（David Herman）提出叙事的四分法，即“情境－事件序列－建构世界－感受质”的模型。[⑤] 他认为，叙事的第一个基本要素是情境（situatedness），是叙事的生产语境和阐释语境，即叙事是一种表现模式，它必须根据特定的语境及叙述的场合进行解释。第二个基本要素是事

---

① RIMMON-KENAN S. Narrative fiction：contemporary poetics［M］. London：Routledge，2002：2.

② RIMMON-KENAN S. How the model neglects the medium［J］. The journal of narrative technique，1989，19（1）：159.

③ BAL M. Narratologie［M］. Paris：Klincksieck，1977.

④ 瑞安. 跨媒介叙事［M］. 张新军，林文娟，等译. 成都：四川大学出版社，2019：324-325.

⑤ 尚必武. 后经典语境下重构叙事学研究的基础工程：论赫尔曼《叙事的基本要件》［J］. 外语与外语教学，2014（1）：85-91.

件序列（event sequencing），基于叙事文本自身的理论，即叙事需要强调作为叙事再现属性的时间结构以及一些具体化的事件。第三个基本要素是建构世界（world-making），即叙事所呈现的事件能够将某种破坏（或不平衡）带入故事世界，这也有意前置了世界建构的过程，把世界建构看作叙事体验的一个重要维度。第四个基本要素是感受质（qualia），即根据对前三个要素的再现程度，强调事件对心理的影响，以及心理对故事世界中事件的体验，从而展现了“叙事与心理的连接”。究其始终而论，四分法只是对三分法的一种延展，它们共同构成与二分法的思维分野。更确切地说，二分法是一种典型的非此即彼的二元论观点，而四分法和三分法都是一元论的观点，是一种从主体性到主体间性的变体，应该以一种整体性的三分法（亦可称为多分法）的概念来看待。关于部分叙事三分法的整理见表 5-2。

表 5-2　关于部分叙事三分法的整理

三分法的阐述			代表人物
故事（histoire）	话语（recit）	行为（narration）	热拉尔・热奈特
故事（story）	文本（text）	叙述行为（narration）	什洛米斯・里蒙－凯南
故事（histoire）	叙述技巧（recit）	叙述文本（textenarratif）	米克・巴尔
语义（semantics）	句法（syntax）	语用（pragmatics）	玛丽－劳尔・瑞安

整体而言，在看待三分法叙事模型时，我们应该注意以下两个方面的问题。其一，对于三分法的认识，我们需要回归到原初的思考中，即回到引入“行为”变量的过程中，形成“故事－话语－行为”基本模型。其二，三分法模型需要在不同类型的叙事文本中进行再读阐释。例如，口头叙事需要叙述者与受话者面对面，后者可直接观察前者的叙述过程，那么“行为”变量主要是指叙述过程中的声音、表情、动作等；书面叙事则是对直接引用、间接引用等的阐述。因此，增强现实视域下的“故事－话语－行

为”基本模型需要被重新阐释，从而建立符合技术媒介语境的增强现实叙事模型。

第三节　基于三分法的增强现实分层叙事结构

叙事的理论模型在于从表层结构中提取叙事的交流模式，在里层提取出叙事结构的信息生产过程，最终实现向受众传递故事及其意义的方法论。基于传统的叙事交流模式和“故事－话语”的二分法结构，西摩·查特曼在《故事与话语：小说和电影的叙事结构》一书中绘制了关于叙事内部结构的示意图，展现了单一叙事媒介的叙事方法论（见图 5-4）。[①] 由此图及前文所提出的观点可知，此叙事方法论实际上是在“真实作者”与“真实受众”之间完成了基于故事与话语两个层面的编码、解码过程。此外，他在脚注中提出，该叙事结构中的话语编码部分针对单一叙事媒介，包括文字类别的小说、历史，视觉类别的油画、漫画，视听类别的电影，等等。其中，电影虽然融合了视听要素等多重感官，但仍然被视为一个单一叙事媒介。显而易见，该叙事方法论并不完全适用于一些新近的复杂性叙事（包括虚拟现实叙事、增强现实叙事等跨媒介叙事类型）。

作为一种新的叙事样式，增强现实叙事并不能简单使用单一叙事媒介的模型逻辑，采用“故事－话语”二分法视野下的叙事模式，而应该基于其叙事层面的“间性”特征，引入基于“故事－话语－行为”三分法视野下的叙事方法论。具体来看，增强现实的间性叙事包含叙事的表层结构与里层结构。其中，横向的轴线突出了叙事的前后顺序，即真实受众通过行为、话语、故事三层逻辑结构，在隐含作者与隐含受众之间搭建了三元法的编码、解码过程，并最终实现了从真实受众回到真实受众的叙事回归。

---

① 查特曼. 故事与话语：小说和电影的叙事结构［M］. 徐强，译. 北京：中国人民大学出版社，2013：14，253.

纵向的轴线突出了叙事的模式，即通过真实受众在增强现实媒介中的不同行为，产生外层叙事、中层叙事与内层叙事的多重模式（见图 5-5）。

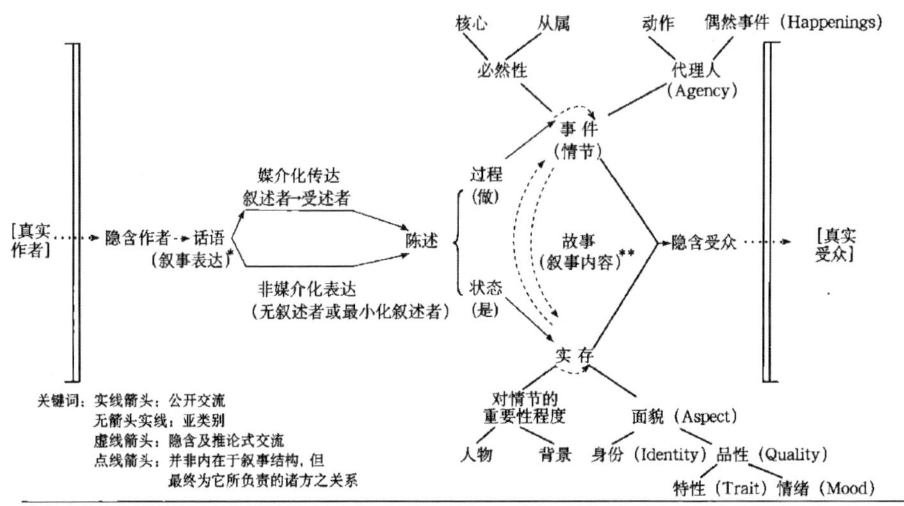

* 这是叙事表达的形式：它出现于不同媒介［文字（小说、历史）、视觉（油画、漫画）、视听（电影）等］中之质料或表现方式。

** 这是其非材料性内容之形式。

图 5-4　单一叙事媒介的叙事框架

（参见西摩·查特曼《故事与话语：小说和电影的叙事结构》）

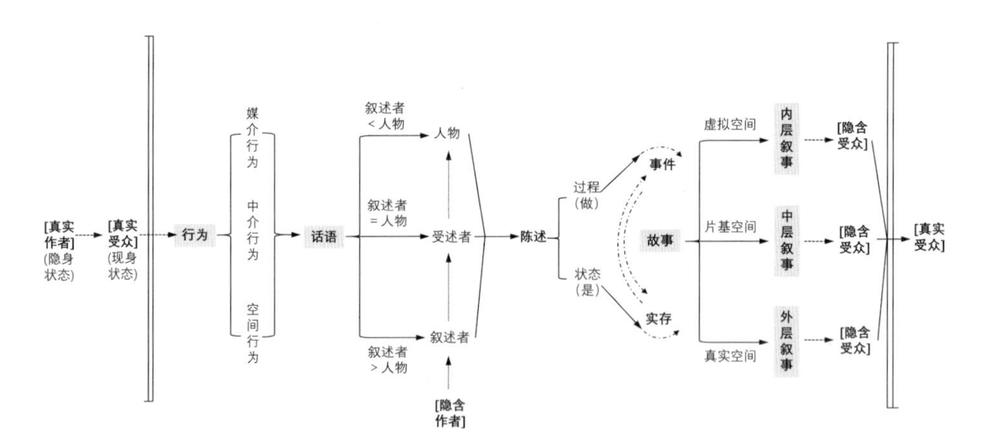

图 5-5　增强现实媒介视野下的叙事框架

但是，由西摩・查特曼叙事框架推论出来的增强现实叙事框架具有一定的结构局限性。西摩・查特曼在《故事与话语：小说和电影的叙事结构》的序言中对自己提出的叙事框架进行了反思。他提出：“我不希望去解释叙事中的一切。值得一提的是，我关心形式，而不是内容；或者说，仅仅当内容可以表示为形式的时候，我才关心内容。”也就是说，这里所提出的叙事框架之所以是框架，是因为它并未进入具体的内容层面。框架关注视点、叙述主体、第三人称叙述等叙事学的术语，但是对文字区别、印刷设计、芭蕾舞式运动等内部的叙事设计要素较少关注，因此它只是一种理论结构模型，并不是深入内容层面的叙事设计模型。因此，本书第五章、第六章对这一点进行了弥补，提出了基于外层叙事、中层叙事、内层叙事的设计策略。

间性的行为：空间行为、中介行为、媒介行为

在单一媒介的叙事框架下，故事与话语的两个层级生产，使真实受众的行为模式比较单一，无论是文本媒介的阅读行为、绘画媒介的观看行为，还是影像媒介的观赏行为，都是简单的“视看”，并不存在复杂的行动对叙事框架进行新的生产。相反地，在增强现实媒介视野下的叙事框架中，行为层级是优先的，是真实受众在增强现实媒介加持下的行为模式。这得益于引入第三变量——行为层之后，增强现实叙事实际上对真实受众的行为进行了扩展，由单纯的“视看”生产为一种“具身行为”，并分层次、分时段地作用于不同的媒介。

本书借助马歇尔・麦克卢汉关于“冷热媒介”的观点，对真实受众在增强现实媒介中的“具身行为”进行分类。马歇尔・麦克卢汉提出，冷媒介是指其传达的信息量少而模糊，在理解时需要动员多种感官的配合和丰富的想象力。马歇尔・麦克卢汉认为低清晰度的媒介，如手稿、漫画、电影、电话、电视、口语等属于冷媒介。因为清晰度低，它们要求受众用多

种感官去感受，并且需要丰富的联想，为媒介也为受众自己填补其中缺失的部分。模糊的信息提供了机会，调动了人们再创造的可能性。热媒介即指传递的信息比较清晰明确，接收者不需要动员更多的感官和联想活动就能够理解。它本身是“热”的，人们在处理信息时不必进行“热身运动”。马歇尔·麦克卢汉认为书籍、报刊、广播、无声电影、照片等是热媒介，因为它们都作用于一种感官，而且不需要更多的联想。[①]

基于从冷媒介到热媒介的行为导向，可以分别界定出：高清晰度、低参与度的“空间行为”，中清晰度、中参与度的“中介行为”，低清晰度、高参与度的“媒介行为”。也就是说，在增强现实媒介技术的加持下，真实受众可以在真实空间中步行，关注到建筑、景观本身；也可以停下脚步，观看一个真实空间中出现的建筑细节、媒介细节；还可以与媒介空间中出现的叙事人物对话，并展开一系列活动，在此时此地追忆历史往事。因此，在复杂的行动中，需要引入故事与话语之外的第三变量——行为层级，使原本封闭的故事框架变为开放式的故事框架，并能够通过“跨层”的机制实现不同叙事层级的双向沟通。

间性的话语：叙述者、受述者、人物

在增强现实媒介视野下的叙事框架中，话语层级位于行为层级的生产之后。真实受众以何种形式看待故事，是视角问题。媒介历史上出现了与叙述视角相关的多样化称谓，包括“视角”（angle of vision）、“透视”（perspective）、“叙述焦点”（focus of narration）、“视野”（field）等。但是

① 麦克卢汉. 理解媒介：论人的延伸［M］. 何道宽，译. 增订评注本. 南京：译林出版社，2011.

绝大多数称谓并未摆脱普遍的“视觉中心主义”（visual centralism）[①]。

对于叙述视角的安置，热拉尔·热奈特提出聚焦（focalisation）这一专门术语，展现出一定的优越性。一方面涉及光学上的焦距调节，摆脱了观察角度与立场的模棱两可；另一方面涉及多种感知，即观察并非一定用“眼睛”，包括耳朵等其他感官也涉及思维活动与情感表达。[②]“聚焦”一词除了聚焦角度、多重感知，实际上也带出了对聚焦人物的指涉，即提出“聚焦者”“被聚焦者”等概念。但是究竟谁有权力对故事进行“聚焦”，相关学者的观点与定义往往互为矛盾。一种观点认为视角是故事中人物的视角；另一种观点认为视角是叙述者的视角，只有叙述者才能对故事进行聚焦。但实际上，两者之间具有逻辑的一致性，叙述者是视角的操控者，既可以自己对故事进行聚焦，也可以借用人物的感知来聚焦。

对于聚焦者的问题，热拉尔·热奈特基于茨维坦·托多罗夫首创的叙述者与人物的公式，根据叙述信息的受限制程度，提出三种不同类别的聚焦模式。这三种不同的聚焦模式可以为增强现实叙事中的真实受众（亦可以称为游憩者、玩家、体验者等）提供一种身份的认知路径，使体验者不停地转换自己在叙事中所处的位置，包括叙述者（narrator）、受述者（naratee）与人物（character）。当然，受众身份的前置条件是受众主动发出行为，不同的行为属性与不同的受众身份相对应，其中空间行为对应着叙述者，中介行为对应着受述者，媒介行为对应着人物。

1. 零聚焦与叙述者

零聚焦即无固定视角的全知叙述，符合“叙述者 > 人物”的公式。其中，叙述者是全知全能的，是站在全局的角度去观察故事世界的角色。例

① 视觉中心主义是一种重要的图像认知理念，强调理性在观看中的主导地位，展现出一种柏拉图对“肉体之眼”的贬低和笛卡儿对“心灵之眼”的绝对张扬，从而显现出理性对视觉观看的主导。在近期的视觉文化及传播研究中，诸多学者致力于反对视觉中心主义的霸权。

② GENETTE G. “Discours du reeit,” a portion of Figures Ⅲ［M］. Paris：Seuil，1972：74.

如，史诗类、传记类叙事作品都是站在一个更全面的视角，对历史人物、历史事件进行公允的评价，侧重故事的完整性。在小说作品中，叙述者并不是一个简单的人，而是如米克·巴尔所认为的“语言学范畴的主语”（linguistic subject）[①]。在零聚焦的增强现实叙事中，体验者是一个全知全能的叙述者，是讲述故事的人，是信息的发出者与触发者，着重于一种探索的、空间的叙事过程。

2. 内聚焦与受述者

内聚焦即从固定的内视点出发，由叙述者说出人物所了解的完整情况，符合“叙述者= 人物”的公式。其中，叙述者的认知就是人物的认知，是站在内部的角度去观察故事世界的角色。例如,《红楼梦》中的“刘姥姥进大观园”片段，就是作者在刘姥姥的感知范围内，完成大观园内部事物的叙写，并不会刻意对人物本身不理解的内容进行解释，侧重故事的独立性。在内聚焦的增强现实叙事中，体验者成为被动的受述者，是接受故事叙述的人，是信息的接收者，着重于一种引导的、媒介的叙事过程。

3. 外聚焦与人物

外聚焦即从固定的外视点出发，由叙述者说出比人物所知道的更少的信息，符合“叙述者 < 人物”的公式。其中，读者与观众是从外部视点及行为报告（behaviorist report）等角度去观察人物的言行，而非透视人物的思想与情感。例如，犯罪类、悬疑类小说与电影中，总是对部分物证进行解释说明，作为叙述者的警察与侦探总是比作为人物的犯罪嫌疑人知道得更少，而观众在视野受限所造成的空白中不断解谜与思考，从而完成一种行为主义的叙事。在外聚焦的增强现实叙事中，体验者成为故事中的人物，是故事内部的生产者，对故事世界外部的碎片信息进行格式塔完形，着重于一种行动的、交互的叙事过程。

① BAL M. Narratology：introduction to the theory of narrative［M］. Toronto：University of Toronto Press，1985：119.

间性的故事：真实空间、片基空间、虚拟空间

故事、话语和行为的区分要建立在故事的相对独立性上。故事是独立于其他要素，尤其是话语和行为而存在的。无论是戏剧舞台上的故事、电影银幕中的故事、一段舞蹈动作，还是本书所提出的增强现实叙事中的故事，“故事”本身具备一定的独立属性。按照什洛米斯・里蒙－凯南的定义，故事的独立性表现在三点：一是故事独立于作家的写作风格（个人风格、地域方言）；二是故事独立于作者采用的语言种类（不同文字的译文）；三是故事独立于不同的媒介或符号系统（语言、影像、姿势等）。[①] 其中，前两点是针对文学媒介的特点来说的，是一种主要基于语言的系统考虑，第三点讨论了其他媒介对故事塑造的可能性。申丹、王丽亚也提出，承认故事的独立性实际上就是承认了生活经验的首要性。[②] 无论话语如何表达，行为如何作用，观众、读者与玩家总是能够根据生活经验来建构出一个独立的故事。

西摩・查特曼认为：“故事是预设了一整套能够想象情节的事件之连续体。”[③] 一般而言，故事分为“故事－事件”与“故事－实存”两个维度。对于增强现实媒介而言，“故事－实存”是首要的，是针对空间而言的，展现出真实空间、叠加空间与虚拟空间三个层级对叙事模式的影响。因为同样的事件放在不同的空间中，就会形成不同的故事。“故事－事件”是重要的，是针对时间而言的，决定了受众体验的故事内容。本书认为，对于增强现实媒介而言，所谓的事件、情节并不在于这个故事的内容是怎样的，

① RIMMON-KENAN S. Narrative fiction：contemporary poetics［M］. London：Routledge，2002：7.

② 申丹，王丽亚. 西方叙事学：经典与后经典［M］. 北京：北京大学出版社，2010：21.

③ 查特曼. 故事与话语：小说和电影的叙事结构［M］. 徐强，译. 北京：中国人民大学出版社，2013：14，253.

而在于这个故事应该如何讲述。也就是说，增强现实叙事中的“情节”不是以往小说、电影中的强事件关联，而往往呈现出一种弱事件关联的倾向，即每一个增强现实事件的发生都为整个“故事－事件”增加了叙事的碎片。①

关于真实空间与虚拟空间不再一一赘述，主要解释片基空间的含义。法国电影理论家让·米特里（Jean Mitry）认为，影像是对现实情景的机械复现，它生成和固定在“片基”（Support）上，并借助片基重新获得客观的实在性。② 影像本身只是一个虚无的媒介，并没有空间中的支点，它需要“片基”成为其重要的真实空间映射。例如，当片基是电影院的那块投影幕布时，影像成为电影；当片基是一个建筑的外立面时，影像成为建筑投影。即使是同样的影像内容，因为其“片基”的不同，也会形成不同的表现效果。

与单纯的影像叙事不一样，增强现实媒介实际上将所有的空间平面都当作“片基”，利用其内部的技术机制，使真实空间成为其“间性叙事”的重要支点。正如让·米特里讨论的与片基相关的几个基本概念一样，增强现实叙事中的“片基”也呈现出一些固有的特点。第一，“片基”的基本形态是一个扁平的面。即使是体块形态的片基，也是由多个扁平的面建构的，就像三维建模的材质贴图一样。第二，影像本身是扁平的，没有立体感的，是趴在自己的片基之上的。我们所看到的立体感取决于双目的视像，其本质是空间概念与物象之间的互相补充和互相校正，是一种视觉感知与我们的空间经验不断协调的结果。第三，在运动的时候，影像似乎即刻脱离了自己的片基，也确实超脱了片基。这不再是映于平面上的一张张照片，而是我们所感知到的片“空间”，犹如一个“空间影像”，类似展现在我们眼前的真实空间。因此，后文提到的“中层叙事”的核心就是基于“片基”

① 相关的佐证可以参考后文第六章第四节关于“混合叙事”的设计策略段落，即无论在哪一种增强现实的叙事结构中，“故事－事件”都是弱化情节的。因此，所谓增强现实叙事中的“故事－事件”往往让位给“故事－实存”。

② 米特里. 电影美学与心理学［M］. 崔君衍，译. 南京：江苏文艺出版社，2012：53-59.

的叙事，即一方面注重受众的空间经验（未超脱片基），另一方面注重影像的空间运动（超脱片基），是一种基于空间、媒介之间的并置叙事。

第四节　增强现实叙事的分层逻辑及其叙事类型

分层逻辑：外层、中层与内层

为方便理解三个叙事框架概念，我们可以首先抛弃数字媒介的互动特点，从文学、电影的角度来理解间性叙事框架。例如，在电影《楚门的世界》中，楚门自小生活的桃源岛小城之外的真实世界，所有的真人秀观众的凝视构成了“外层叙事”；由真人秀导演所拍摄的“楚门秀”，即在桃源岛这一巨大的摄影棚内，包括对不知情的楚门以及楚门的妻子与朋友在内的所有演员的拍摄，形成了“中层叙事”；只有在楚门自己的内心建构的对世界的理解才是唯一的“内层叙事”。当然，加上互动特点之后，三个框架的理解会稍显复杂。根据前文提到的行为、话语、故事三层级结构对叙事框架的生产，本书总结出三个叙事框架，分别是外层叙事（External Narrative）、中层叙事（Intermediate Narrative）与内层叙事（Internal Narrative）（见表 5-3）。

由增强叙事结构推导的外层叙事、中层叙事、内层叙事三层级结构与玛丽 – 劳尔 · 瑞安对新媒体叙事的“洋葱”结构比喻不谋而合。她在《互动洋葱：数字叙事文本中的用户参与层》（*The Interactive Onion: Layers of User Participation in Digital Narrative Texts*）中将新媒体叙事的交互性比喻为一个互动洋葱，并根据“互动对故事的影响程度”将洋葱分为外层、中层、内层。其中，外层涉及故事再现的交互性，且故事在软件运行之前就已经存在；中层涉及用户个人参与故事的交互性，但故事的情节仍然

表 5-3　增强现实媒介的三个叙事层级

叙事模式	外层叙事	中层叙事	内层叙事
叙事诗学	沉浸诗学	间性诗学	交互诗学
叙事本质（故事层级）	真实空间 > 虚拟空间（对空间的依存度高）	真实空间 = 虚拟空间（片基空间）	真实空间 < 虚拟空间（对空间的依存度低）
受众身份（话语层级）	叙述者	受述者	人物
叙事行为（行为层级）	空间行为（高清晰度、低参与度）	中介行为（中清晰度、中参与度）	媒介行为（低清晰度、高参与度）

是事先决定的，无法被用户影响；内层涉及用户与系统的交互性，其动态交互可以创建出新故事。[①]瑞安的互动叙事层次分类实际上也遵循了经典叙事学的故事–话语模型，将叙事文本视为洋葱，越靠近外层越接近话语层，越靠近内层越接近故事层，互动对故事的影响程度越深，互动层次越高，越接近故事层。[②]

此外，玛丽–劳尔·瑞安的洋葱结构与本书中的三层级结构有一定的区别。其一是对行为的界定不同。玛丽–劳尔·瑞安以“交互性”在故事

① RYAN M-L. The interactive onion：layers of user participation in digital narrative texts［M］//PAGE R，BRONWEN T. New narratives：stories and storytelling in the digital age. Lincoln & London：University of Nebraska Press，2011：35-62.

② 实际上，玛丽–劳尔·瑞安在这篇文章及之后的《作为虚拟现实的叙事 2：重思文学与电子媒体中的沉浸感和互动性》等著作中共提出五个层次。除了外层、中层、内层，玛丽–劳尔·瑞安同时提出第四层作为实时生产故事的互动层问题，即叙事的涌现性问题；第五层作为元交互的互动层问题，互动者不只是在消费洋葱，也是在为其他用户准备烹饪洋葱的新方法，这类问题也对元宇宙叙事提供了部分思路。笔者认为，第四层、第五层的互动叙事是第三层内层叙事的变体，更多地取决于技术的发展程度。

与话语层级之间摆动，只从交互行为本身出发；而本书以“行为层”替代了“交互性”，提出非交互行为的重要性。其二是对层级的认识不同。玛丽－劳尔·瑞安聚焦新媒体叙事的交互性，倾向于展示内层叙事的优越性；本书只聚焦新媒体技术中的增强现实媒介，认为外层叙事、中层叙事、内层叙事同样重要，是增强现实叙事整体性的一部分。其三是叙事逻辑不同。玛丽－劳尔·瑞安的结构（无论是否包含她在三层级结构之后提出的第四层与第五层）提出的目的在于为交互叙事，或者为新媒体叙事的交互类型进行分类，其层次之间的关系并不显著；本书的目的在于通过外层叙事、中层叙事、内层叙事及混合叙事的组合与跨层，实现增强现实叙事的整体架构，更加注重层次之间的“间性”关系。

1. 外层叙事

外层叙事即指故事架构之外的叙事，只能存在于真实空间层级中。作为叙述者的真实受众可以在真实空间中扮演高高在上、控制虚拟世界的“上帝角色”，在空间中主动选择，真实观察，从而产生沉浸体验。但是，这种空间行为就像在数据库中导航一样，该活动既不创造历史，也不改变情节，不能影响故事本身。例如，英格丽德·安克森（Ingrid Ankerson）和梅根·萨普纳尔（Megan Sapnar）创作的诗歌《巡航》（*Cruising*，2001）讲述了在威斯康星州的一段成长回忆。用户可以在电脑上通过移动鼠标，使文本及图形背景变大或缩小，向左或向右以任何速度移动。但是不管如何移动，读者眼前的文本都是同样的内容。[1] 此类文本的目的在于获得一个大小、速度和方向的组合，从而改变观看文本的方式。

2. 中层叙事

中层叙事即指居于故事架构之间的叙事，存在于片基空间层级中。作为受述者的真实受众，实际上是在真实空间中寻找一个又一个片基空间，并对由外部作者预先设定的故事材料进行视看。这种中介行为既需要注重

---

① 张屹. 交互叙事：数码时代讲故事的新策略［J］. 东方丛刊，2009（4）：158-169.

受众的空间经验（未超脱片基），又需要注意影像的空间运动（超脱片基），是一种在空间与媒介之间的并置叙事形式。从某种程度来说，片基就像一扇敞开的窗户，受众可以站在一旁观景，也可以随时打开这扇窗户，将屋子与风景连为一片。

3. 内层叙事

内层叙事即指居于故事架构之内的叙事，存在于虚拟空间层级中。作为人物的真实受众，认同自己扮演故事世界中的一个成员，而叙事系统则赋予受众一定的行动自由，用户“化身”的目标即沿着既定的故事线索前行。这种互动行为就像在完成一个又一个游戏任务，受众的决定将故事叙事的历史送上不同的分岔道路，并决定是哪个“可能世界”从选择的故事情景中发展起来。

混合视角下的增强现实叙事类型

如果根据增强现实叙事理论模型所提出的外层叙事、中层叙事、内层叙事的分层逻辑是“体”，其空间的发生机制就是“纲”，即所有增强现实的叙事体验都是一种基于地理位置的叙事，只是对地理空间概念的理解有所不同。正如MIT Media Lab 的罗伊·希克罗特（Roy Shilkrot）等人曾对增强现实叙事项目按照空间属性的类型，由小及大，分为情境类叙事（Situated Augmented Narratives）、场所类叙事（Location-Based Narratives）和世界类叙事（World-level Augmented Narratives）。[①]

整体来看，情境类叙事、场所类叙事、世界类叙事三个叙事类型都基于地理位置的增强现实叙事，主要区别在于对待“地理”的概念取向是不

① SHILKROT R，MONTFORT N，MAES P. nARratives of augmented worlds［C］//2014 IEEE International Symposium on Mixed and Augmented Reality-Media，Art，Social Science，Humanities and Design（ISMAR-MASH’D）. New York：IEEE，2014：35-42.

一样的。其中，情境类叙事在意地理概念的“空间属性”，却并不区分“这个真实空间”和“那个真实空间”；场所类叙事在意地理概念的“地方属性”，并试图通过外层叙事、中层叙事、内层叙事的叙事层级使一个具体的地理概念从“空间”走向“地方”；世界类叙事在意地理概念的“位置属性”，即基于地理空间的类型及地理空间的属性进行叙事，而不是与一个特殊的具体“地方”去结合。

1. 情境类叙事

情境类叙事通常设置在一个独立房间中（或一些特殊位置），因此从叙事层级来看，它对中层叙事和内层叙事的要求更高，其本质与虚拟现实叙事的差别不大。例如，早期的增强现实叙事作品《疯狂茶话会》（*Mad Tea Party*，2001）讲述了《爱丽丝梦游仙境》中的一个片段。用户扮演爱丽丝，并通过头戴式显示器来实现视频增强的效果，看起来像与三个互动角色（疯帽匠、睡鼠和三月兔）坐在同一张物理桌上进行交流，但是用户只能是爱丽丝的角色，而不能成为其他角色。[①]《三个愤怒的男人》（*Three Angly Men*，2003）则以著名戏剧、电影剧作《十二怒汉》（*12 Angry Men*）为原型，探索了增强现实作为戏剧媒介的用途。用户戴上透明的头戴式显示器，会发现多个被提前渲染在视频中的陪审员角色。他们为一名因谋杀而受审的年轻人进行辩论。在体验中，参与者可随时自由更换座位，并倾听不同陪审员角色所说的话，还能听到坐在椅子上的这个角色内心的真实想法。位置的改变不仅改变了人物的视角，也改变了人物的行为，而不会中断预定的情节。这一作品充分说明了增强现实的故事讲述如何在第一人称之上实现故事和记忆的交流，如何基于个人观点和偏见而改变立场。从本质上来看，叠加的影像、改变视角的方式都并非增强现实媒介的特有属性，这样的叙事内容放在虚拟现实叙事或者交互电影中同样适用（见

① MORENO E. Alice’s adventure’s in new media：an exploration of interactive narratives in augmented reality［C］//Conference on Communication of Art, Science and Technology. Bonn，Germany：Franhaufer Institute，2001：21-22.

图 5-6）。

增强现实情境类叙事作品《永恒族：AR 故事体验》（*Eternals: AR Story Experience*）对情境类叙事有了一定的改进。该作品由漫威影业创作，旨在给新电影《永恒族》（*Eternals*，2021）进行预热。[1] 尽管该情境类叙事作品对真实空间的利用有了一些改进，但是其本质依旧对场所的类型做出了限定，而不是根据地理环境凝聚成确定的“地方”。其中的真实空间设定为体验者的“家庭”中，最后的闯入者也可穿破家里的地板。但是这个家庭只是一种符号意义上的家庭，在你家和我家没有任何区别（见图 5-7）。

图 5-6 作品《三个愤怒的男人》，2003 年[2]

① MARVEL STUDIO’S ETERNALS：AR STORY EXPERIENCE［EB/OL］.（2021-11-26）［2022-05-20］. https://www.youtube.com/watch?v=jYUbN_iJrUQ.

② 图片来源：MACINTYRE B，et al. Three angry men：an augmented-reality experiment in point-of-view drama［C］//Proceedings of the 1st international conference on technologies for interactive digital storytelling and entertainment TIDSE. Berlin，Heidelberg：Springer，2003：230-236.

图 5-7　《永恒族：AR 故事体验》的叙事地点限定在“家庭”

2. 场所类叙事

场所类叙事位于情境类叙事与世界类叙事之间，也是本书重点探讨的叙事类型。从本质上来看，场所类叙事增加了一个具体空间层，其缺点是无法形成持续性的感官介入，其优点是扩大了物理世界的叙事面积。以早期增强现实叙事作品《幽灵》(*GEIST*，英译为Ghost)为例，作品旨在向学生讲解一堂关于 17 世纪欧洲 30 年战争的历史课，并最终定位到德国海德堡市。该作品允许用户通过一个可穿戴AR 系统及混合的GPS 跟踪器，通过遍布现代城市的迷你故事，探索 17 世纪德国海德堡被占领的历史。图 5-8、图 5-9 为海德堡区域的故事地图，学生在不同的站点会听到鬼魂般的声音，看到建筑物的三维重建，会遇见向他们讲述 400 年前的生活场景的“鬼魂”。

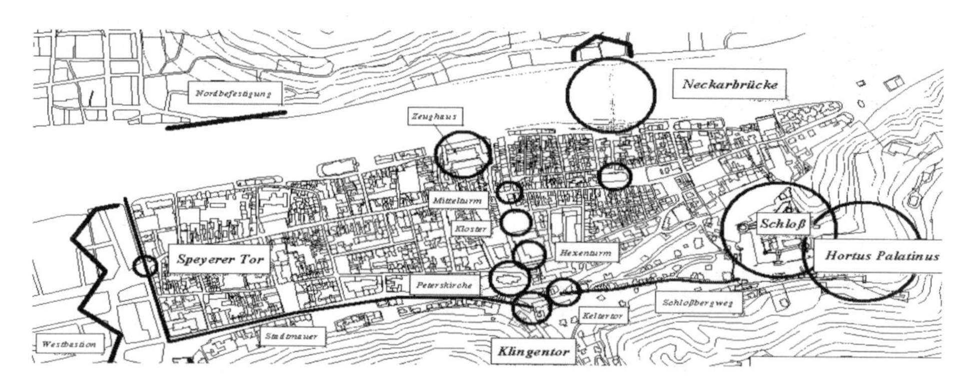

图 5-8　海德堡区域的故事地图[①]

图 5-9　左图为带有受损立柱的线框重建的原始场景，右图为AR 视图[②]

此外，大多数“作为故事世界的增强现实游戏”都是以场所叙事呈现。例如，基于地理位置的增强现实游戏平台QuestoWorld 通过手机APP 为玩家提供任务线索，以实现对现实城市的旅行探索，并旨在深度结合UGC内容创作、NFT 和AR 技术，构建一个基于现实城市文旅元素的“故事元宇宙世界”。目前，QuestoWorld 围绕全球 140 余个城市创造了超过 300 多款城市探索游戏，并利用文本、图片和视频的组合方式，通过游戏化的解密和叙事让玩家了解城市的历史文化。在游戏中，玩家可以从福尔摩斯的

① 图片来源：MALAKA R，etc. Stage-based augmented edutainment［C］//International Symposium on Smart Graphics. Berlin，Heidelberg：Springer，2004：54-65.

② 图片来源：MALAKA R，etc. Stage-based augmented edutainment［C］//International Symposium on Smart Graphics. Berlin，Heidelberg：Springer，2004：54-65.

角度探索伦敦，从毕加索的角度探索巴黎，从爱因斯坦的角度探索苏黎世，甚至可以在游览罗马的时候领取一个拯救教皇的游戏任务，在众多著名建筑中寻找隐藏的线索，再通过一个个线索补全整个故事，并最终找到由一串虚拟代码组成的“教皇”。例如，在《魔幻伦敦：哈利·波特之城》（*Magic London: The City of Harry Potter*）的伦敦步行之旅中，游憩者将化身名为西奥德加（Theodgar）的有着不羁的姜黄色头发和白胡子的高阶巫师，在黑暗势力密布的伦敦寻找不懂魔法的“麻瓜”伙伴艾林（Aylin）。游憩者将从威斯敏斯特车站出发，徒步 4 公里，经过特拉法加广场、塞西尔法院、皇宫剧院等《哈利·波特》电影中描绘的叙事热点，最终到达丹麦圣克莱蒙教堂。在 10 个叙事热点中，游憩者将找到激发J. K. 罗琳创作《哈利·波特》的小巷，找到狄更斯最喜欢的酒吧，通过解密墙上的文字发现“Dome”的指示等。

3. 世界类叙事

世界类叙事是在全球范围内进行的，其叙事时间通常能够持续几个月，甚至数年。世界类的叙事层级涵盖外层叙事、中层叙事、内层叙事三者，但是其优缺点都来自所增加的抽象空间层。如果世界空间是无限的，那么叙事就无法精确地与一个具体的“地方”结合，而只是呈现出分类意义的空间属性。

世界类叙事的经典作品往往呈现在增强现实游戏（ARG）中，使其成为一种“叠加在日常生活现实之上的虚构世界”。以风靡一时的增强现实游戏*Pokémon GO* 为例，它利用了知名度极广的IP，成为任天堂在对其进行跨媒介叙事（包括电子游戏、动漫系列、漫画系列、集换式卡牌游戏、收藏玩具）等故事转换中的重要一环。游戏借用经典故事中的收集和战斗，使用带有GPS 的移动设备来定位、捕捉、训练和战斗神奇宝贝，使神奇宝贝就像进入真实世界一样，也使真实玩家能够出现在神奇宝贝的虚拟地图中，从而实现真实空间与虚拟空间的并置。

从增强现实的叙事逻辑来看，*Pokémon GO* 的叙事是复杂而多义的。

在外层叙事层面，玩家在建立游戏账号后，可以创建和自定义自己的头像，此后头像会根据玩家的真实地理位置显示在地图上。当玩家在真实世界环境中移动的时候，他们的化身（这里指带有头像的人物）也会在游戏的虚拟地图中移动。从中层叙事层面来看，游戏中的宝可梦道馆坐落在真实世界中著名城市的各大知名景点；游戏中的宝可梦驿站与真实世界中的公园、超市或其他热闹的地方相关联；所需捕捉的神奇宝贝物种居住在世界不同地域，例如，水栖类神奇宝贝水箭龟会在大海旁边或者沙滩上，喷火龙可能会在靠近赤道的地区出现。特定的神奇宝贝一般会在独特的地点生活，而稀有的神奇宝贝只会在世界上少数地点出现。从内层叙事层面来看，当玩家遇到神奇宝贝时，可以选择是否开启AR模式（需要调用相机功能）进行实景捕捉，或使用默认的离线渲染背景。因此，*Pokémon GO* 尽管是增强现实叙事中的一个重要作品，但它依旧只能体现出增强现实叙事的“位置”属性，并未体现“地方”属性（见图 5-10、图 5-11）。

图 5-10 *Pokémon GO* 的虚拟界面[①]

① 图片来源：https://unsplash.com/fr/s/photos/Augmented-Reality。

图 5-11　*Pokémon GO* 的增强现实界面[①]

① 图片来源：https://pixabay.com/photos/pokemon-go-pokemon-street-lawn-1569794/。

第六章

增强现实叙事的设计逻辑

The Design Thought of Augmented Reality Narrative

在《新华字典》《牛津词典》等文献中，“增强”一词常常被定义为增加、扩大或丰富的行为。这样的定义反映出增强现实叙事的主要任务，即利用数据与信息去丰富人类的感官体验，并不断对现有的事物进行增强。“增强”这样的关键词实际上更像一个过程效应，包含了对“谁发出增强的动作”“谁被增强了”“怎么被增强的”等一系列过程的回应。换句话说，增强现实媒介如果需要叙事，其首要的一步应该是对增强前后的要素生成进行研究，并探索以何种设计方式将真实空间与虚拟空间进行叠加。

真实空间的现实域是关于人、物、场的，而数字媒介空间的虚拟象是关于语言、图像、影像、声音的，二者展现出极强的隔阂属性。应该如何将其叠加为一个可供叙事的设计要素呢？法国哲学家让·波德里亚（Jean Baudrillard）以后现代的文化坐标考察了“仿真”的历史谱系，提出“拟像的三序列”（the three orders of simulacra）。[①] 第一是仿造（counterfeit），它是工业革命之前的模式，追求模拟、复制自然和反映自然；第二是生产（production），它是工业时代的模式，在价值和市场规律的支配下，用于实现商业盈利；第三是仿真（simulation），它是由代码驱动的模式，以其逼真的属性在取代现实，甚至比现实更真实。让·波德里亚这种对于“象”的模拟、替换与取代的思考实际上对增强现实中“增强”的内涵有一定的延展与补充。

① 波德里亚. 象征交换与死亡［M］. 车槿山，译. 南京：译林出版社，2006：68.

这一观点在中山大学哲学系教授翟振明的扩展现实结构中更为明显。翟振明在反思VR 概念的时候，提出扩展现实（Expanded reality，ER）是VR 的最终走向，是VR 与物联网的整合逻辑。[①] 他同时提出“扩展现实中存在物的种类”，即人替（avatar）、人摹（NPC）、人替摹（avatar agent）、物替（physicum）、物摹（physicon）。其中，人替是直接由用户实时操纵的感觉综合体，类似于电影《阿凡达》中的生物替。人摹是由人工智能驱动的摹拟人，可以是系统创设，也可以是用户创建。人替摹是指用户脱线时派出的假扮真人的由人工智能驱动的摹拟人替，如苹果的Siri。物替对应着物联网中服务于遥距操作的感觉复合体，即现实物体在虚拟空间中的替身。物摹是由系统自己生产的“物体”，真实空间没有对应物，也不被赋予生命意义。翟振明关于人、人替、人摹的观点实际上是想为真实与虚拟之间建立一个逐步进行拟象的坐标系。他在其后的多次演讲中将这个坐标系从人类拓展到物体，再延伸到场景。

从增强现实的媒介视角来看，增强现实的叙事对象是增强前的事物与增强后的事物之间的关系。因此，根据上文引入的人、物、场的三元逻辑建构，可以建立如表 6-1 所示的逻辑关系图，即现实中的“人 – 物 – 场”对应着虚拟现实环境中的“人替 – 物替 – 场替”，对应着增强现实环境中的“人摹 – 物摹 – 场摹”。其中，替换的思维是虚拟现实的思维，即一种从真实本体向虚拟本体的完全过渡；模仿的思维是增强现实的思维，即一种从真实本体向虚拟本体的模拟过程。

换一个角度来说，如果用图像媒介、影像媒介的“构图”思维来理解，实际上是在一个空白的二维平面上整合了多种媒介要素，传达了丰富的信息内容，完成了一种基于分布式的设计逻辑，从而实现了能指与所指的统一。如果说图像媒介、影像媒介是基于二维平面的“构图”，增强现实媒介

① 翟振明在多次演讲中讲述了这一概念，包括但不限于第十九届中国虚拟现实大会特邀报告“交融的场域——艺术与科技论坛”等，见https://www.yiloo.cn/5265.html。

则是在三维立体空间的“构象”。其中“构象”的三维立体空间就是上文提到的真实空间的现实域，而“构象”的要素就是将影像媒介及其之前的所有叙事要素进行整合，涵盖口头传播的口语要素、印刷媒介的文字要素、摄影绘画的图像要素、音乐的声音要素、电影电视的影像要素等。

表 6-1　人－物－场的三元叙事逻辑

现实	虚拟的现实	增强的现实
真（reality）	拟真（skeuomorphism）	仿真（simulation）
人（people）	人替（avatar）	人摹（NPC）
物（physical）	物替（physicum）	物摹（physicon）
场（environment）	场替（alternative environment）	场摹（simulation environment）

在《全息甲板上的哈姆雷特》（*Hamlet on the Holodeck*）中，珍妮特·H. 默里（Janet H. Murray）断言，由于叙事的本质，数字环境为我们提供了创作叙事的强大工具，呈现一种“程序性、参与性、空间性和百科全书式的”叙事表征。[①] 增强现实叙事的设计逻辑所创造的“拟态数字环境”实际上也遵循这样的数字媒介属性。第一，外层叙事就像增强现实媒介中的“建筑问题”，主要基于理解从“真实的场地”到“增强的场地”的过程，其本质与数字环境的空间性相关联。第二，中层叙事就像增强现实媒介中的“符号问题”，主要基于理解从“真实的物品”到“增强的物品”的过程，其本质与数字环境的百科全书式特点相关联。第三，内层叙事像增强现实媒介中的“游戏问题”，主要基于理解从“真实的人物”到“增强的人物”的过程，其本质与数字环境的参与性相关联。此外，三种叙事层级实际上指示出三种研究增强现实叙事的路径。它们一方面独立作用于增强现实媒介，另一方面可以结构联合，位于同一增强现实文本之中。这就是

① MURRAY J H. Hamlet on the Holodeck：the future of narrative in cyberspace［M］. Cambridge，Massachusetts：The MIT Press，1998：83.

所谓的第四点，即当三种叙事层级联合发生时，增强现实媒介就展现出数字环境的程序性，其不同的组合嫁接，使增强现实叙事呈现出一种“总体艺术”的可能性。

第一节　认知空间：基于外层叙事的增强空间设计策略

由前文可知，外层叙事即指故事架构之外的叙事，它具备一些固有的特点：当游憩者倾向于一种空间行为的时候，其身份是一个叙述者；叙事空间设计的重点在于真实空间而非虚拟空间，即真实的“人－物－场”的分量大于增强的“人摹－物摹－场摹”；在设计上遵循沉浸诗学的叙事生产方式。

从空间行为来看，前文所界定的增强现实叙事中的“空间行为”与马歇尔·麦克卢汉的“热媒介”观点类似，是一种具有高清晰度、低参与度的行为。高清晰度决定了设计者对行为引导信息的设计需要清晰明确，这样才能使游憩者拥有一种低参与度，即无须动用更多的感官和联想活动就能够理解。在空间行为的导向下，游憩者通常是一个叙述者，其在一个陌生的新世界中的行为、在空间中需要做的事情一般与其智力程度、成熟程度无关，而与其本能相关。游憩者的行为是自我意识决定的，其在空间选择探索、进行漫游还是回归休息，这都是设计者无法决定的。因此在这样的角度下，设计者只能对其进行引导，就像一个建筑师一样，只能建造空间，如何体验与行走，都是游憩者自己的事情。

从设计要素来看，外层叙事的重点在于真实空间而非虚拟空间，即虚拟要素虽然叠加在真实空间中，但其目的是对真实空间的一种注释与辅助理解。换句话说，外层叙事中的虚拟要素对现实的建筑景观的介入，就像对实体空间本体的二次设计，对其空间中的重点进行突出，对其流线上的限制性进行突破。按照建筑理论家伯纳德·卡什（Bernard Cache）的说法，建筑通过构建空间来干预空间，从而促进其建筑框架的实现。[①] 这里所谓的“构建空间”就是增强现实外层叙事的核心设计方法，即通过叠加一个虚拟要素，从而实现对其原有空间秩序的重新建构。换句话说，这就像利用媒介要素重新建立一个无形的“空间实体”一样。因此，外层叙事策略需要通过虚拟要素对现实场地叠加，从而在“面”的理解上建立整体的认知地图，在“线”的理解上设置导向路径，在“点”的理解上整合要素秩序，从而让游憩者全方位地认知空间，并在空间中沉浸。

建立认知地图

一个游憩者来到陌生的实体空间中时[②]，往往是困惑、迷失方向、不知所措、兴奋或不舒服的，这是由于缺乏对空间布局的理解。但是，这种感觉往往会随着对该空间认知地图的形成与建立而减弱。[③] 因此，如何建立认知地图，从而实现对其“空间属性”的掌握，这是外层叙事逻辑的第一要义。

“认知地图”的中心语是“地图”。因此，最原始、最简单的方法就是出现一个真实的地图，对空间环境进行直接说明。如图 6-1 所示，就像是商业空间中的导览图一样，在大部分展现地理信息的APP 中，对真实地图的信息解释成为人们认知一个空间属性的开始。又如，Formula 平台上可以利用增强现实技术实时观看自行车比赛中选手的相对空间位置，并模拟出整体比赛的画面。甚至在增强现实叙事中可以出现一个真实地图，作为虚拟地图的入口，实现对空间地理信息的引导和补充。

---

① CACHE B. Earth moves：the furnishing of territories［M］. BOYMAN A，trans. Cambridge，Massachusetts：The MIT Press，1995：23-27.

② 这里对于空间概念的陌生是针对普通游憩者而言的，而不是针对一个对空间熟悉的定居者，或者对空间进行深入研究的专家。

③ WAGNER M. The geometries of visual space［M］. New York：Psychology Press，2012.

图 6-1　展现地理信息的APP 对真实地图的信息解释①

“认知地图”的修饰语是“认知”。认知地图被完整定义为一种心理表征，服务于个人获取、编码、存储、回忆和解码有关日常或隐喻空间环境中现象的相对位置和属性的信息。也就是说，认知地图的建立并不只是在环境中简单重复与频繁移动，更重要的是在规定环境中能够获得先验的知识，并激发参与者探索的欲望。心理学教授默瑟（Moeser）曾针对一家房间布局复杂的医院进行过研究。他发现，在这种环境中工作两年以上的护士对其空间布局的知识比那些研究了半小时的建筑地图后仅被要求学习建筑布局的受试者更差。②

认知地图的建立除了简单的行走，还需要更高级的心理活动过程。心理学家爱德华·C. 托尔曼（Edward C. Tolman）最早在《白鼠和人的认知地图》（*Cognitive maps in rats and men*）中首先提出“认知地图”的概念，并通过白鼠与人的对照实验，初步提出大脑对空间环境的认知加工模

① 图片来源：https://unsplash.com/photos/person-holding-white-ipad-with-black-case-CyX3ZAti5DA。

② WAGNER M. The geometries of visual space［M］. New York：Psychology Press，2012.

式。[①] 整体来看，传统的认知地图的建立方法包括早期阶段（20 世纪 30 年代到 50 年代）的格式塔心理学派的“完形理论”；中期阶段（20 世纪 60 年代到 70 年代）的地理学家的理论，包括网络结构理论、等级理论、局部等级理论，以及凯文・林奇（Kevin Lynch）的“城市意象”理论等；当代阶段（20 世纪 80 年代至今）加入了信息加工理论，形成了从静态到动态的转向。

在增强现实的外层叙事中，我们需要根据实体空间的“真实场地”结构，尽可能对场地类型进行划分，形成一定的认知地图建立的整体性。按照大卫・吉布森（David Gibson）从导视策略的角度定义的“具有历史意义的空间模式”，可将其延展为四个主要的设计策略，即地标策略、街道策略、连接体策略、区域策略。[②]

其一，地标策略在于指引人们找到空间中的主要节点。例如，罗马古城因其宗教历史，为朝圣者找到方向而在每一个向心位置设立了不同方位的地标，包括罗马古城圣彼得广场（现属梵蒂冈）围绕中心柱体形成了 360 度的多重视野。设计师可通过这样的多点位、多方向的虚拟地标的建立，建立其高低错落的地标认知概念（见图 6-2）。其二，街道策略提供易于辨认的通道和路径，在空间里形成一个人们容易理解的认知网络。例如，纽约的历史街区与其城市历史一样，常常以街道贯穿。设计师可以通过多种媒介要素去完成街道的增强，从而建立街道认知概念（见图 6-3）。其三，连接体策略旨在以简单直接的路径，在一个位置上连接所有的目的地。例如，以中轴线贯穿的故宫及其他线性文化遗产（包含长城文化带、大运河文化带）都是典型的连接体模式。设计师将重点连接体的节点进行增强，即可实现其节点位置的高度象征意义（见图 6-4）。其四，区

---

① TOLMAN E C. Cognitive maps in rats and men［J］. Psychological review，1948，55（4）：189.

② 吉布森. 导视手册：公共场所的信息设计［M］. 王晨晖，周洁，译. 沈阳：辽宁科学技术出版社，2010：37.

域策略具备一定的普遍性，即一个地点根据标识和地图分成不同用途的区域，特定目的地都聚集在此。例如，澳大利亚悉尼主要划分为东部海港城区、中部Parramatta 中心城区、西部空港城区。设计师对空间的增强同样可以运用这样的功能区域概念，并实现不同区域之间的认知秩序（见图6-5）。

图 6-2　体现地标策略的罗马古城

图 6-3　体现街道策略的纽约[1]

① 图片来源：https://unsplash.com/fr/photos/voiture-jaune-circulant-dans-la-rue-entre-limmeuble-pendant-la-journee-WTPp4wgourk。

图 6-4　体现连接体策略的北京中轴线[①]

图 6-5　体现区域策略的澳大利亚悉尼海港区

① 图片来源：https://unsplash.com/fr/photos/un-grand-batiment-avec-beaucoup-de-gens-qui-se-promenent-autour-49h9VslHGUU。

设置导向路径

本雅明认为，与一般的普通大众相比，“都市漫游者”总是把自己当作一个英雄人物，从普通人群中分离出来，并以“闲逛”的姿态将城市当作一个可供解读的对象。[①] 当一个游憩者在实体空间中漫游的时候，他与本雅明提出的“闲逛者”“都市漫游者”别无二致，都是以一种审视的状态来看待空间中的人、物、场。建立对一个地理位置的整体认知后，下一步便是对其路径进行导向的设置。

在现实生活中，的确存在一套真实的认知地图的符号系统，即导视（wayfinding）系统，包括街道的路牌、纸质地图、手机导航APP 等。甚至在虚拟世界中，导视系统也是玩家们建立认知地图的重要方式。但是，正如汪博的观点，“游戏世界不仅照搬了现实符号体系，更引入了虚线指引、自动寻路、瞬移等傻瓜方式来帮助玩家快速前往目标，‘定向’在此丧失了任何意义，仅保留了目的论功能，玩家更沦为完成目标的工具，看似在世界中，却不属于这里”[②]。这种对导视系统中自动寻路的“导航”功能的滥用，实际上造成人们对路径认知的失败。因此，外层叙事除了解决游憩者对整体空间的陌生感，还需要引入增强型的符号标识，建立一种自然化的寻路机制，实现探索自主性与符号依存性之间的平衡。

其一，“识别类标识”是导视的基石，有助于游憩者对某一目的地形成最初印象。它们往往具有显示地点、空间的名字的功能，并通常位于规划路径的开头和结尾。在空间节点、建筑结构上运用自然光照射，形成与结构匹配的雕刻光影、雕刻文字。真实空间中的迪士尼音乐厅利用光影识别

① 段祥贵. 拱廊漫步：论本雅明的“闲逛者”及其当代文化意义［D］. 桂林：广西师范大学，2007.

② 汪博. 从“空间”到“地方”：游戏世界空间意义体验的设计思考［J］. 装饰，2021（4）：102-106.

文字，制造了标识的自然化。

其二，“指示类标识”是导视的循环系统，主要为游憩者提供移动所需的各类提示。例如，在真实空间的导航地图中常常出现文字指引（前后左右、东南西北等文字提示）、图像指引（如图 6-6 为箭头指路）；在增强空间中，需要让这类指示变得“自然化”，并与叙事的过程相关联，因此可以使用影像的指引（光影闪烁）、声音的指引（远处的声音）、人物的指引（自然角色或历史角色的引导），甚至还能使用一些更为抽象的方式，如太阳的位置、河水的流向等。

其三，“资讯类标识”是为了降低复杂空间的迷惑性，提供对空间、事物的介绍。增强空间中可以对场地中的自然要素（花草、树木等）进行一定的科普介绍。

其四，“监管标识”描述了一个地点应该做的和不应该做的事情，因其具有极强的现代属性，一般不建议出现在历史文化空间中。

图 6-6　增强现实中的箭头指路[①]

① 图片来源：https://unsplash.com/fr/photos/une-personne-prenant-une-photo-dune-rue-avec-son-telephone-cellulaire-fhkI-d1ie8Q。

整合要素秩序

在“面”的理解上建立整体的认知地图，在“线”的理解上设置导向路径后，我们需要对外层叙事中的点位要素进行秩序的整合，从而完成从面到线，从线到点的外层叙事整体设计，使游憩者能够更好地认知空间、理解空间。所谓的“感觉秩序”是由可视形象与感觉它的人之间的相互关系形成的整体性体验。它强调要素本体需要符合基本的美学规律，人对感觉秩序的体验也要符合前后、主次、左右等关系的审美规律。

1. 文字秩序

语言要素中的文字字体出现的时候，一方面需要对字体的大小进行规划，另一方面需要选择与空间气质相符合的字体，圆角适合温暖、情感性的历史空间，直角适合冷峻、史诗类的历史空间。例如，艺术家西莉亚·巴约（Celia Bayo）运用Cinema 4D 和增强现实技术完成了一个实验排版项目*Reverse*，创造出不同的 3D 诗歌，并围绕在我们周围的现实世界中，旨在寻找一种当代阅读和展示诗歌的方式。其中的文字选用了直角类型，并使其均匀地排列在公共空间之中，在不破坏原有空间秩序的基础上，形成有创意的空间表达（见图 6-7）。

图 6-7　作品*Reverse*，西莉亚·巴约，2020 年[①]

① 图片来源：https://www.celiabayo.com/projects/reverse。

2. 色彩秩序

从生理层面来看，饱和度、明度高的物体，或者与周围环境有明显颜色对比的物体，常常是视觉的注意焦点。一方面，虚拟要素的色彩需要与真实空间进行适度匹配，从而降低视觉感受的差异。另一方面，设计需要将整体的真实要素色彩与虚拟要素色彩进行统一的包括视觉显著度在内的等级规划，从而为叙事的展开奠定色彩基础。

3. 形状秩序

人类的视觉系统容易捕捉到一些形状、位置、大小突显的物体。因此，为了吸引游憩者的注意力，设计需要对虚拟要素的形状、位置、大小进行规划，尤其注意虚拟要素在空间的正、负属性，如利用箭头符号在“正空间”中指路，利用虚拟草丛围合成“负空间”的道路。如图 6-8 所示，作品*ReWildAR* 将城市变成一个户外走廊，运用花草间接地围合出一条道路，从而吸引人们的注意力。

图 6-8　作品*ReWildAR*，多美古 · 泰尔，2021 年[①]

① 图片来源：http://www.tamikothiel.com/。

4. 动态秩序

人类的视觉系统倾向于捕捉运动的物体，一方面是虚拟物体的移动，另一方面是光影的闪烁与变化。从前者来看，虚拟物体的移动不宜过多，应该由游憩者的行为而驱动，从而在其移动方向、移动程度等方面对叙事提供一种暗示。从后者来看，有学者认为，动态照明更具视觉张力，能造成大量的外部刺激。[①] 正向使用动态光影能直接引起游憩者的关注，反向使用动态光影常常造成游憩者的空间视觉认知负担。例如，在游戏*Inside*中，玩家在黑暗风格的场景中躲避敌人，进行解谜逃脱，光影承担着多重功能：第一，光影要素塑造了末世视觉风格，几乎所有场景都使用了逆光、侧光等光位；第二，光影要素引导着视觉的叙事，光影所居之地常常是叙事的线索与重点；第三，光影要素也是敌人的重要武器，当玩家被动态光影照射的时候，敌人就会发现并抓获逃跑的玩家。

2019 年，华为开发者大会发布了名为《华为河图》（*Cyberverse*）的 AR 地图程序，旨在通过空间计算连接用户、空间与数据，同时融合 3D 超高清地图、空间通勤、场景理解、超写实沉浸式渲染、5G 网络等终端技术，为用户提供全新的交互方式与体验。“河图”二字取自“河图洛书”，意指星河图，乃是中国上古时期流传下来的神秘图案，蕴含了深奥的星象密码，寓意极多极广，玄妙无穷，深奥无尽。此后，《华为河图》与敦煌莫高窟合作，创作了基于莫高窟的增强现实体验，可以被纳入本书提出的基于外层叙事的增强空间设计策略的三层次步骤中。第一步，作品在建立认知地图上，根据其真实场地受到的历史时段重叠、地理环境风化等影响，选用基础的地标策略，即将核心认知聚焦在石窟建筑的内外之间，包括与外部相关的石窟窟顶形制与建筑空间尺度，与内部相关的石窟壁画内容等。此后，作品通过媒介要素对其主要的石窟名称及其内部壁画内容进行了显著标注，为旅游者在方向上找到不同内容的石窟建立了基本的地理概念。

---

① 刘晓希．“动态照明”视觉认知的影响因素研究：以日本“东京晴空塔”夜景照明为例［J］．装饰，2016（3）：101-103.

第二步，作品在设置导向路径上，主要选用指示类标识，包括利用动态影像形成鲜花铺满的道路，利用箭头符号形成直观的路径跟随，利用远处出现的人物形成焦点的指引，最终为游憩者提供移动人性化的步行指示。第三步，作品在要素秩序的整合上，主要采取与敦煌壁画本身相关的文字、图像、色彩等风格，从而形成与地域文化相关的视听秩序。

第二节　营造地方：基于中层叙事的增强片基设计策略

由前文可知，中层叙事即指架构之间的叙事。它具有一些固有的特点：当游憩者倾向于一种中介行为的时候，其身份是一个受述者；叙事空间设计的重点在于真实空间与虚拟空间之间的过渡空间，即片基空间，因此真实的“人－物－场”的分量等于增强的“人摹－物摹－场摹”；设计遵循中介诗学的叙事生产方式。

从空间行为来看，中介行为是一种具有中清晰度、中参与度的行为。无论从物品本身还是从符号意义来看，两者居中的特点决定了设计者的传达与游憩者的理解之间需要建立一定的具体联系。在中介行为的导向下，游憩者通常是一个受述者，即他的行动是停顿的，但内心活动是丰富的。他在空间中需要做的事情就是观看、聆听，与其本能和知识都相关。因此，在这样的角度下，设计者往往需要站在游憩者的角度来完成设计，寻找一些游憩者能够产生共鸣的点位，并添加一些具有历史、文化内涵意义的符号元素。

从设计要素来看，中层叙事的重点在于片基空间，即更加重视虚拟要素与真实空间之间的映射关系。换句话说，增强现实叙事的设计师就是“可能世界”中的造物主，而游憩者以何种方式来看待这个增强的物品，就是中层叙事需要研究的。这种观点与符号学的指涉、转喻等观点类似。对于荷兰文化史家赫伊津哈来说，视像（vision）甚至是历史灵感的唯一源泉。他认为，历史意识就是一种产生于图像的视像，离开艺术便无法形成一般的历史观念。其后，他径直将历史喻为“视像”，并强调直接与往昔接触的感觉，从而提出一种强调历史感官的“镶嵌艺术法”。[①] 这里所谓的“镶嵌”就是增强现实中层叙事的核心设计方法，即通过叠加一个虚拟要素，实现对原有物品符号秩序的建构。

从叙事目的来看，中介诗学是在沉浸诗学与交互诗学之间嫁接的桥梁，实现其行为从漫游的空间行为转向交互的媒介行为，实现其身份从叙述者转向人物，从而在心理体验上完成一种从空间向地方的过渡。大量哲学家、地理学家、传播学者阐述过“空间”与“地方”的辩证关系。哲学家马丁·海德格尔认为，“场所是人类定居不可或缺的一部分”[②]。在马丁·海德格尔的影响下，现象学者克里斯蒂安·诺伯格－舒尔茨（Christian Norberg-Schulz）进一步指出，场所是一个人记忆的物化和空间化，是对一个地方的认同感和归属感，即场所是空间与精神的联合，是物理意义与精神意义的统一体。[③] 人文地理学家段义孚指出，空间（space）是抽象的、自由的、开放的，地方（place）是具象的、安全的、稳定的，而“一旦空间获得了界定和意义，它就变成了地方”。[④]

因此，增强现实技术对“地方”的塑造具有双重意义。一方面，数字媒介虚拟要素能够分散、隐藏、遮蔽真实空间中的物质部分，从而削弱它们在空间组织中的作用，展现出一定的解构性。另一方面，数字媒介虚拟要素在对原有空间进行解构之后，同时可以利用新的媒介要素促进“空间”

① 龙迪勇. 历史叙事的空间基础［J］. 思想战线，2009，35（5）：64-73.

② HEIDEGGER M. Building，dwelling，thinking［M］//HEIDEGGER M. Poetry，language，thought.HOFSTADTER A，trans. New York：Harper and Row，1971：157.

③ NORBERG-SCHULZ C. Genis loci：toward a phenomenology of architecture［M］. New York：Rizzoli，1980.

④ 段义孚. 空间与地方：经验的视角［M］. 王志标，译. 北京：中国人民大学出版社，2017：110.

转化为“地方”，从而在实体空间中呈现出一定的建构性。

选择片基位置

如果我们将世界视为经常变化的，我们可能无法发展出任何地方感。一般而言，地方是一个具有意义的有序世界，它基本上是一个静态概念。[①] 因此，当我们呈现空间行为或者媒介行为的时候，这种动态状态与地方感的形成是相悖的。因此，中层叙事是营造地方感的重要方式。

段义孚在描述时间与地方的关系时讨论了三个方面，分别是在时间流动趋势中停顿的地方、以“物”呈现的地方记忆、作为时间函数的地方依恋。[②] 这三个方面分别对应中层叙事下的三个重要步骤，分别是选择片基位置、完成造物规划、生成符号指涉。从片基观点来看，片基位置所在之处即游憩者需要停留之处，它也是整个不断流动的增强现实叙事中需要停顿的地方，从而营造出一个供人歇脚的“营地”，一个等待出发的“中转站”。

那么，片基应该放置在哪里？这是中层叙事的第一要义。黄鸣奋在《位置叙事学：移动互联时代的艺术创意》中提出：“热区、兴趣点和敏感部位的综合运用，可以使叙述空间成为现实空间和故事空间的有效中介。”[③] 这里的叙述空间就是我们定义的片基空间。

其一，从自然位置来定义的热区（hot zone）。热区这一概念本质上是对地壳中热地幔物质侵入区域的称谓，是一种源于地理环境本身的动力学视点。从自然位置的角度来看，热区的概念是对空间本质的聚焦，包括流

① 段义孚. 空间与地方：经验的视角［M］. 王志标，译. 北京：中国人民大学出版社，2017：110.

② 段义孚. 空间与地方：经验的视角［M］. 王志标，译. 北京：中国人民大学出版社，2017：110.

③ 黄鸣奋. 位置叙事学：移动互联时代的艺术创意［M］. 北京：中国文联出版社，2017：735-738.

行病学中所定义的危险多发地，道路交通研究中车流人流密集之处。从叙事的角度来看，热区往往代表着实体空间的本体部分，与展现其历史、文化本质的事件发生地、人物居住地、线索的交汇处等相关。例如，意大利那不勒斯国家考古博物馆（Museo Archeologico Nazionale）在真实展览空间中增加了增强现实游戏，使观众可以通过一场线上冒险旅程了解博物馆文物的历史，包括从走廊中窥见古老的那不勒斯的街道场景，在古老的雕塑文物上发现重要的“法老符号”等。

其二，从心理位置来定义的兴趣点（point of interest，POI）。兴趣点这一概念源于电子地图标示的用户感兴趣的景点、机构、设施等，并在电子地图上呈现出与之相关的名称、类别、经纬度、海拔等资料。从叙事的角度来看，兴趣点比热区的概念更加注重传播端，是对实体空间外延的显示，与游憩者的个人关注点、历史人物的风俗韵事等相关。例如，增强现实游戏*Ingress* 以科幻作为故事背景，提供连续的开放叙事。玩家需要使用移动设备GPS 来定位，并靠近一个拥有真实世界位置的“门户”（portals）与之交互。[①] 门户的含义正是“表达了人类创造力和独创性”的物理兴趣点，通常表现为公共艺术，如雕像和纪念碑、独特的建筑、户外壁画、历史建筑等。

其三，从社会位置来定义的敏感部位（sensitive position）。敏感部位是一种源于生理学、管理学等诸多理论的整体概念。从叙事的角度来看，敏感部位的讲述常常会引起社会的普遍争议，包括社会伦理、宗教禁忌、意识形态等诸多重要问题。

完成造物规划

早在真实空间的现实域中就已指出，古物、废墟和图像之类的东西往

① Wikipedia-Ingress［EB/OL］.（2015-10-23）［2022-05-20］. https://en.wikipedia.org/wiki/Ingress_（video_game）#cite_note-IWP-5.

往很容易引发历史意识，进而成为进行历史叙事的空间性触发物。段义孚也认为，“物体可以让时间停泊”①，利用物品可以呈现地方记忆，让本应随时光淡去的地方记忆以片段的方式保存下来。

因此，中层叙事的第二要义就是完成造物规划。一般而言，增强现实中的“造物”方式（虚拟物的制造）包含三类。第一类是复制现成品，即实际存在物的数字复制品，是一种真实物的映射，一种“仿制的现实”，例如数码照片、现成影像、现有文物的三维扫描模型。热拉尔·热奈特曾说过：“复制是矛盾的陈述，它以最小的转化力取得（最好的）模仿效果。”第二类是模拟现成品，即通过文物资料对已经不存在或者有破损的实在物的数字化修复，是一种展品的延伸，一种“模拟的现实”，例如一些文物资料的三维重建或数码绘图等。第三类是数字原生品，是一种展品的创造，一种“创造的现实”，例如数字绘画、数字雕塑、动画等。俞同舟认为，数字原生品具有三种对立的二元状态，即静态与动态、二维与三维、固定与随机。②在增强现实展览中，艺术家经常将二维的绘画转化为三维的雕塑；在增强现实城市体验中，艺术家常常将二维的壁画转换为三维的影像。他们总是习惯利用“升维”的方式摆脱平面的叙事思维，从而进入新的叙事范畴。如图 6-9 所示，三维实体雕塑旁边出现了增强现实视野中的二维图像。

① 段义孚. 空间与地方：经验的视角［M］. 王志标，译. 北京：中国人民大学出版社，2017：110.

② 俞同舟. 基于虚拟现实的超展览综合表现研究［D］. 北京：中国美术学院，2017.

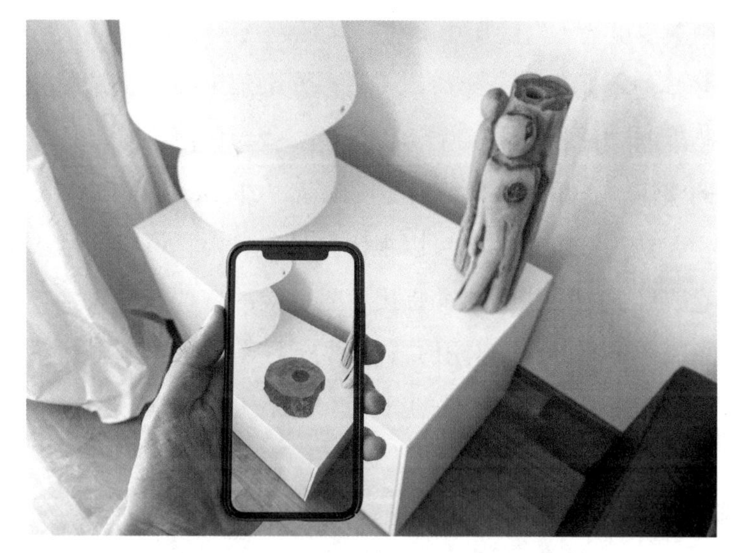

图 6-9　三维实体雕塑旁边的二维图像[①]

造物层面除了需要注意虚拟象所叠加的物品类型，还需要针对不同场景进行选择。例如，在原始文化保存较为完整，且明显能够体现历史文脉的建筑文化遗产的保护更新型的空间中，应更多选用数字原生品，以创造更多的叙事可能性；在仅存在于文献资料记载中的历史建筑的补充叙事型空间中，应更多选用模拟现成品，以达到对残缺建筑补齐的目的；在原始文物保存难度较大，且随着时间的推移极易损坏的遗产复原型的空间中，应选用复制现成品，以加强还原其遗产空间本身的“原真性”。

生成符号指涉

造物行为本身并不能产生地方意义，其意义的产生在于合适的片基位置上放置合适的虚拟物，从而生成符号指涉。因此，中层叙事的最终目的实际上是实现真实空间中现实物和虚拟物的共同表征，从而在片基叠加的

① 图片来源：https://unsplash.com/photos/person-holding-black-tablet-computer-NrMGL5MR8uk。

符号指涉中获得更加丰富的历史文化意涵。

从符号学的本体来看，弗迪南·德·索绪尔（Ferdinand de Saussure）提出“所指”与“能指”二元结构符号学，认为任何符号都是能指和所指结合产生的整体。查尔斯·桑德斯·皮尔斯（Charles Sanders Peirce）提出三元符号学，认为任何东西都可以视为符号，只要它位于符号、对象和解释项的表意三元关系之中，进而提出符号分类的三种三分法。本书主要从造物的对象关系来看，因此沿用了第二种分类法，即像似符号、指示符号、规约符号。[①] 前两种是有理据性的符号，最后一种是“任意或武断”符号。完美的符号是三性混合的符号，或者叫“尽可能均匀混合的符号”。

1. 像似符号（icon）

第一种是像似符号，展现了一个符号与另一个事物之间的相似性，即一种比拟模仿，是最直接、最简单、最普遍存在的符号，甚至不需要经验判断。按照“像似”的抽象程度又可以把像似符号分为三个级别，其一是形象像似，即一个事物的品质跟另一个事物对应起来，例如照片、图画、雕塑；其二是关系像似，或者称为“构造相似”，即两个事物之间存在一些相似的关系，例如大学排行榜、福布斯名人排行榜；其三是比喻像似，即二者不一定在形象上像，也不一定在构造上像，但是在概念上像，例如，中文中的“火”与英文中的“fire”，都指示一种热烈的氛围。

艺术家总是习惯用一种“拼贴”的方式来回应像似符号的基本特征，即在真实的场景中添加历史片段（照片、口述历史、视频）等。当然，这同时存在一些潜在的风险：因为它的简单混合性，会形成一些意外的并置。例如，位置的不对位形成一种因果的不对称，色彩的突兀形成一种不符合语境的错觉。因此，这种对历史信息的拼贴，尤其需要历史学家的参与，为我们建立的视觉关系进行评估与批评，从而减少失真的风险。例如，《纽约时报》在 2021 年 12 月 2 日的“唐人街专题报道”中增添了增强现实叙

① 皮尔斯. 皮尔斯：论符号；李斯卡：皮尔斯符号学导论［M］. 赵星植，译. 成都：四川大学出版社，2014：21.

事新闻“南华 100 年”，使用 4447 张图像创建了历史悠久的唐人街的摄影测量模型，并允许用户在 3D 模型中探索该空间中的档案照片。

2. 指示符号（index）

第二种是指示符号，展示在物理上与对象的联系，从而构成有机的一对。指示符号可以让接收者感知符号的同时联想到对象，并能够互相提示，将解释者的注意力引到对象上。一般而言，指示符号重点体现了因果、邻接、部分与整体等关系。从因果指示来看，增强现实叙事中经常出现的粒子效果（烟、雾）等均是对一种产生这种情况的火、水的指示，从而反映数码技术对个人感知及理解周边世界的活动影响。从部分与整体的指示来看，增强现实叙事中经常出现建筑物上的牌匾、壁画中的图像、寺庙的建筑碎片、古代手稿中缺失的文字、破碎的花瓶、容器中丢失的碎片、混凝土纪念碑，以及其他提醒游憩者和路人在特定地点发生重大事件的标记，均添加了一个作为“部分”的指示符号，从而形成对整体的指涉。例如，世界文化遗产大足石刻开放了夜间观赏，通过彩色的投影复原了石刻画像的色彩。

对于指示符号而言，“修复”的方式更为流行。史蒂文·J. 杰克逊（Steven J. Jackson）在《反思修复》（“Reminging Repair”）一文中提出，所谓的“修复”就是在我们对旧技术的理解和对新技术的设计中，以侵蚀、崩溃和衰败为起点，而不是以新奇、成长和进步为起点。[①] 因此，作为“部分”的指示符号就是一种整合破碎的思维，一方面就像格式塔的视觉完形一样，体现了部分与整体的关系；另一方面其修复基本是在原地进行的，具有极强的位置属性；再者，修复的原物是真实实体，修复的材料却是影像，在材质差异性上需要光影、照度、色彩等去弥补。甚至从最后一方面来看，如果需要将修复的过程体现出来，就需要进行用户的交互操作，即

① JACKSON S J.11 rethinking repair［M］//GILLESPIE T，BOCZKOWSKI P J，FOOT K A. Media technologies：essays on communication，materiality，and society. Cambridge，Massachusetts：The MIT Press，2014：221-239.

将修复的结果作为交互的结果，呈现场景的自我生成，从而亦能建立一种碎片式的参与游戏。例如，人们经过三维扫描、纹理制作，并通过Unity3d和Vuforia 等技术应用平台，即可完成将破碎的古董花瓶进行虚拟修复的过程。

3. 规约符号（symbol）

第三是规约符号，又叫象征符号，是依靠社会约定及意义关系而界定的，是与对象之间没有直接的理据性连接的符号，也就是弗迪南·德·索绪尔所说的“任意或武断”符号。这种规约的属性常常是社会文化约定俗成的，具有一定的社会性。

如果说像似符号与指示符号体现媒介间性的特点，那么规约符号更能体现出文本间性的特点。[①] 朱莉娅·克里斯蒂娃指出:“互文性就是文本之间互相指涉、互相映射的性质。”这种互文的观点一般遵循两大原则：“形式嵌入即互文”“联想嵌入即互文”。[②] 在增强现实叙事中，它就像小说中能够引用名言、电影中能够引用其他电影一样，总是可以通过“挪用”其他成熟的媒介要素（文字要素中的小说、图像要素中的摄影照片、影像要素中的经典电影），实现本体价值对文物、空间的文本间互相指涉。例如，迪士尼音乐厅在夜间增强光影秀中利用 42 台大型投影仪，在其曲面不锈钢的建筑物外立面实现了影像的叠加增强，即将世界众多著名的音乐家真人摄影照片进行展示，从而建立起跨媒介文本的相互指涉。

中央美术学院费俊教授在第 58 届威尼斯国际艺术双年展中国馆“Re-睿”展览中，打破创作的物理空间局限，通过增强现实的方式创作了一个基于地理位置的场域体验作品《睿·寻》(*Re-Search*)（见图 6-10）。作品通过在威尼斯水城里搜寻并体验艺术家“移植”在当地桥梁上的来自中国的 25 座桥，从而实现东方水城与西方水城跨时空对话，可以被纳入本书提

① 本书在第三章曾界定过媒介间性与文本间性的定义。其中，媒介间性是增强现实叙事的主要间性特征，文本间性主要是一种互文性。

② 刘斐. 中国传统互文研究［M］. 上海：上海财经大学出版社，2019：250.

出的基于“中层叙事”的增强片基设计策略的三层次步骤中。

第一步，作品在片基位置的选择上，以威尼斯的桥作为片基承载面，是典型的从自然位置出发所定义的热区，它象征着从实体空间的本体中摘取的重要片基位置。第二步，作品在造物规划上利用了“复制现成品”，对中国的桥进行真实物的图像映射，从而使其与片基的热区一一对应。第三步，两者的叠加，实际上形成一种“规约符号”的关系指涉，从而在片基之上形成东方文化与西方文化的对比和沟通，探索中国与意大利两个重要文明之间的联系。此外，三个策略步骤的完成，实际上重新回答了作者对“Re”的理解，即重新反思了英文“Re”的前缀概念，旨在通过不断重访（Re-Visit）日常生活来重建（Re-Construct）一种新的社会关系。

图 6-10　基于地理位置的场域体验作品《睿·寻》①

第三节　配置互动：基于内层叙事的增强交互设计策略

由前文可知，内层叙事即指故事架构之内的叙事。它具有一些固有的

① 图片来源：https://mp.weixin.qq.com/s/QeSJvQ0Ru6fVeDvhNJb5rQ。

特点：当游憩者倾向于一种媒介行为的时候，其身份是一个人物，可以参与规定场景中的交互行动；叙事空间设计的重点在于虚拟空间而非真实空间，因此真实的“人－物－场”的分量小于增强的“人摹－物摹－场摹”；遵循交互诗学的叙事生产方式。

从空间行为来看，前文所界定的增强现实叙事中的“媒介行为”与马歇尔·麦克卢汉的“冷媒介”观点类似，是一种具有低清晰度、高参与度的行为。低清晰度决定了设计者对信息设计需要更加开放，这样才能使游憩者拥有一种“高参与度”，即需要动用更多的感官和联想活动进行身体的参与。在媒介行为的导向下，游憩者通常是一个人物，他需要通过表面冲浪、建构、排列、变化等媒介交互行为完成一定的情节叙事，并通常需要一定的知识程度。在内层叙事中，游憩者具有规定情境中人物的自我意识，而设计者需要划定一个二维甚至三维的运动场地，并通过类比、对立、电子链接等方式形成一个巨大的地理关系网络，让叙事文本可以在游戏中展开，并使游憩者能够在这里与其他人或是环境本身展开竞争。

从设计要素来看，内层叙事的重点在于虚拟空间而非真实空间，即真实要素虽然同时存在，但只是作为对虚拟空间的一种补充与延展，甚至在某些内层叙事中，真实空间完全隐形，就像重新回到虚拟现实的交互叙事中。因此，内层叙事的要素建构与游戏叙事、虚拟现实叙事较为类似。马尔库·埃斯克利宁（Markku Eskelinen）对游戏叙事与文学叙事、其他艺术叙事之间的界限进行了说明，认为文学、戏剧和电影中的叙事目的是“解释性”（interpretative），游戏则是“配置性”（configurative）的。[①] 也就是说，在其他艺术中，我们必须进行配置才能进行解释，而在游戏中，我们必须进行解释才能进行配置。

从叙事目的来看，交互诗学具有解构语言的功能，就像一个工具箱，需要由游憩者扮演一个规定叙事中的人物，从而在开放及可重构的游戏世

① ESKELINEN M. Towards computer game studies［J］. Digital creativity，2001，12（3）：175-183.

界中完成横向的、平行的、流动的叙事意义生产。在内层叙事的内容生产下，借助罗兰·巴特提出的观点，作为游戏的文本是可写的，游憩者在这种生产式的模型中能够主动追求变化与重构，形成一种超越媒介本体的具身体验感，从而获得新知。

规划叙事角色

与其他实体交互设计不一样，增强交互设计的角色由“真实的人”变为“增强的人”。真实空间中包含定居者、历史人物、游憩者三个部分，其在叙事角色层面分属不同类型。

1. 增强的定居者

定居者分为两类。对于无意义的定居者（例如历史文化景点的保安、保洁等）而言，现实场景中的现代人物随时会出现，他们的身体遮挡、话语噪声都能够造成一定的场景失真性。因此，设计者除了加入声音要素的覆盖，还通过运用图像或影像要素，统一为其贴上一层增强现实的“面罩”，将其增强为与实体空间内涵相符合的流动人物或无意义的NPC。例如，应用程序AR Masker 通过人脸识别及面部跟踪技术，可以将自定义纹理的照片与视频加载到面部上，完全贴合。甚至有些搭载人工智能功能的APP 能够打破被摄者的年龄限制，重现被摄者的少年、中年、老年阶段，甚至将其替换为另一个动画角色（见图 6-11）。此外，对于有意义的定居者形象（例如拉萨布达拉宫中的僧人、胡同四合院中的居民等）而言，他们是实体空间社群的见证者与创造者，无须使用增强的设计方法，而保留其自身的特质。

图 6-11　搭载人工智能功能的APP 能够打破被摄者的年龄限制[①]

2. 增强的历史人物

一方面，历史人物是真实空间中不存在的人物类型，因此对历史人物的增强应该选用影像要素的方法，并针对不同风格的增强现实叙事体验和事件，采用不同的影像媒材。例如，对于真实性的风格，利用录像带、纪录片等纪实类影像人物；对于艺术性的风格，选用动画、游戏等幻想影像人物。另一方面，因为历史人物范畴的复杂性，设计者需要将其定义在功能型人物观与心理型人物观之中。

从功能型人物观来看，它最早表现出与亚里士多德情节观的传承关系。亚里士多德在《诗学》中不断阐述着人物、行动及情节之间的关系，认为情节是对行动的模仿，而人物是对行动的发出者；人物并不是为了表现心理与性格而发出行动，而是在行动的时候附带表现出性格，因而其行动功能大于心理性格。[②] 此后，弗拉基米尔・普罗普（Vladimir Propp）、克洛德・布雷蒙（Claude Bremond）、格雷马斯（Greimas）、罗兰・巴特等结构主义叙事学家普遍认为人物从属于行动，是情节的产物，而非性格、思想的产物。其中，格雷马斯的观点更适合增强现实的叙事环境。他基于语

① 图片来源：https://pixabay.com/photos/youth-old-smartphone-face-man-boy-2212762/。

② 亚里士多德. 诗学［M］. 罗念生，译. 北京：人民文学出版社，2002.

义学的分析模式，将人物的行动功能划分为三组对立关系，即主体与客体、发送者与接收者、帮助者与反对者；三组对立关系在相互的张力中呈现出三种基本模式，即寻找目标（主体与客体）、交流（发送者与接收者）、辅助性的帮助或阻碍（帮助者与反对者）。[1]

第一是寻找目标的功能人物。主体人物是玩家，而客体人物通常是推动情节叙事的关键。他们一方面指引着玩家触发主线、支线或隐藏的剧情任务，例如游戏中的剧情角色；另一方面指引着玩家寻找道路，从而建立对空间的认知，例如旅游活动中的导游。第二是交流的功能人物。在这个过程中，玩家发出一个指令，而交流人物接受这样的指令，并通常能够从接收者再度变为发送者，交换新的信息情报。这类NPC 的作用通常包含两种：其一是提供有意义的事件背景信息（情报角色）；其二是提供无意义的交流信息，仅满足营造氛围的需要（群众角色）。第三是辅助性的帮助或阻碍的功能人物。一方面，帮助者与反对者的两极角色通常较为明显。从正向来看，商人为玩家提供药水、装备的辅助性购买，牧师为玩家的体力与血量进行增值；从反向来看，敌人作为玩家的敌对者，既有拦路的小喽啰，又有大的通关头目。另一方面，帮助者与反对者之间的关系也是相互转化，互为因果的。例如，商人提供装备的同时，需要玩家支付金币，装备越好，金币越贵；玩家遇到敌对者的时候，击败简单的小喽啰往往收益不高，但是击败困难的通关头目则能够获得更多的经验与宝物。

从心理型人物观来看，它是对亚里士多德《诗学》的批评，也是 19 世纪之后现代主义小说的主流观点。它往往认为功能型人物观过于强调人物行动在叙事中的“语法”功能，而忽视对人物本身的研究，甚至常常将人物置于边缘地位。[2] 安东尼·特罗洛普（Anthony Trollope）从艺术伦理的

① HERMAN D，JAHN M，RYAN M-L. Routledge encyclopedia of narrative theory［M］. London and New York：Routledge，2005：1-2.

② 申丹，王丽亚. 西方叙事学：经典与后经典［M］. 北京：北京大学出版社，2010：92.

角度提出真实的人物形象应该感动读者，引发泪水，揭示真理；艾德琳·弗吉尼亚·伍尔夫（Adeline Virginia Woolf）、安德烈·纪德（André Gide）等人从审美角度提出人物内心活动的真实性；19世纪现实主义小说家（包括巴尔扎克、托尔斯泰、狄更斯）从艺术创作的角度对人物内心思想进行展现，从而成为其揭示人性、针砭时弊的手段。以上诸多角度的观点都在强调叙事文本应该从拟真的角度来关注人物的“人格”特征，把人物真正地当作人，而非物。福斯特较早对人物的心理进行理论建构，并在《小说面面观》中以“人”（people）为标题，阐述了人物在外部行为方面具有真人特征，包括生、死、饮食、睡眠等。[①]

此后，福斯特提出心理型人物分类模式，即展现单一思想特质的“扁平人物”（flat character）与展现复杂心理活动的“圆形人物”（round character）。[②] 其一是扁平人物。他们往往具有一定的高度浓缩性及类型化（stereotypical）的特点，容易辨认，并且故事情节的发展并不会影响他们的行为，如拥有理想骑士精神的堂·吉诃德、作为文学史“三大吝啬鬼”形象之一的夏洛克、《水浒传》中的武松等。其二是圆形人物。他们展现出人性与生活的复杂性、多面性，具有一定的真实特点，并且故事情节的发展往往由角色的心理来制造悬念，例如在自我与包法利夫人之间不断双重转换的包法利夫人、《三国演义》中的曹操等。

3. 增强的游憩者

游憩者主要分为作为自己的玩家和非自己的其他玩家两大类。对于作为自己的玩家而言，他是增强现实叙事的主要参与者，在具身性的叙事过程中，本身就占据一个角色位置，并能够随时通过行动去改换自己的身份，包括叙述者、受述者与人物，因此无须在外表上进行增强。对于非自己的其他玩家的处理可以是多元的，一方面如果其被理解为增强沉浸感而非降低沉浸感的人物，其他玩家就像网络游戏中的组队行为，他们共同参与某

① 福斯特. 小说面面观［M］. 冯涛，译. 北京：人民文学出版社，2009：32.
② 福斯特. 小说面面观［M］. 冯涛，译. 北京：人民文学出版社，2009：47-49.

些任务，并达成一种基本的社交属性功能；另一方面如果其被理解成增强现实叙事中降低沉浸感的限制性元素，其他玩家就是无意义的角色，为了获得更好的沉浸感，亦可以为其戴上增强现实“面罩”，提供环境气氛的渲染。

添加交互行为

一般而言，对于场景空间的交互行为可以分为游戏中的虚拟交互与真实空间中的实体交互两类。西门孟等人将游戏中的虚拟交互行为归纳为十四类：移动（《马里奥的跳跃》）、探索（发现隐藏事物）、扮演（RPG类别）、收集（《口袋妖怪》）、学习（无功利的本能）、冒险（《扫雷》）、破坏（被破坏的是反面人物与事物）、创造（《模拟城市》）、洞察（解谜游戏）、表演（街机类、Combo 连续技）、部署（《魔兽世界》）、博弈（人机对抗、战略类）、积累（《大富翁》）、求生（《绝地求生》）。[①] 伊冯・罗杰斯（Yvon Rogers）等人则将真实空间中的实体交互分为四种模式：命令式、对话式、操纵式和探索式。[②]

一方面，尽管增强现实的内层叙事遵循着“作为游戏文本的建构”，但是其交互行为不完全是游戏的互动行为；另一方面，增强现实媒介的交互行为也不是单一的实体交互行为，其虚拟融合的特点使其更具有一种融合属性。因此，本书认为基于增强现实媒介所具有的“互动的弥漫性”特点（交互行为的自然化、交互界面的无处不在、交互反馈的随时更迭），应该探索一种基于增强现实媒介本体特性的交互行为。增强现实叙事的交互模式实际上根据目的及内容的不同，应该有所侧重，更加倾向于对信息的获取与回馈的即时性、位置性。因此，本书根据现有的设计案例及技术发

---

① 西门孟. 游戏产业概论［M］. 上海：学林出版社，2008：81.

② 普瑞斯，等. 交互设计：超越人机交互：原书第 4 版［M］. 刘伟，等译. 北京：机械工业出版社，2018.

展的理解，将增强现实叙事的交互行为界定为以下几类。[①]

1. 位置交互

相比传统的手机APP，网页（web）等二维层面的交互，AR可支持的是更加丰富的三维层面的交互方式。这种方式不再局限于主动式的交互（点击、滑动）方式，而是包括更多潜意识用户行为的被动触发。在增强现实作品《永恒族：AR故事体验》中就运用了大量的位置交互，从进入电影界面为电影播放选择水平面和中心点，到中期推动叙事进程所使用的“地面光筒”，再到后面推动叙事进程所使用的10秒钟“站立圆圈”，几乎所有的互动叙事都是基于位置的。

2. 视线交互

视线交互的逻辑并不是单一层级的，而是依靠长时间聚焦，并搭配其他互动行为而存在。以增强现实眼镜HoloLens为例，共涵盖四个规则步骤。其一是初动延迟，即视线交互系统并非立即响应的状态，而是一系列动作的组合状态；其二是启动停留反馈，即系统识别到初始设定的临近度，开始激活停留系统；其三是持续反馈，即显示一个连续进度指示器，吸引用户的注意力；其四是完成交互，即用户一直注视该目标一定时间，即完成停留激活。一般而言，视线交互具有一定的自然交互特点，通过设备感知用户头部的位置及眼前的事物，从而建立起上下文信息的关联。它同时也是手势交互和语音交互的重要前提。例如，在历史文化空间中想查看更多关于古建筑、文物的细节信息，就可以通过视线交互来确定目标，并通过手势或语音最终确认。

① 尽管本书对增强现实的交互行为有所界定，但是这一界定具有两点局限性。其一是类型的局限性。增强现实技术包含视频透视增强现实、光学透视增强现实、空间增强现实三大种类。本书对增强现实的交互行为的界定是为了辅助增强现实互动叙事的故事建构，并未求全。其二是时间的局限性。因为增强现实的技术还在不断发展中，所以目前的交互行为只是已经被部分应用过的行为，并不代表与增强现实媒介相关的所有互动行为。相信在技术的不断发展下，增强现实的交互行为会越来越多，也会越来越自然。

3. 手势交互

手势交互的实质是通过识别现实空间中的用户手势，并在增强空间中形成一个意涵映射，从而实现一种“隔空点击”的交互方式。这种交互方式经常出现在需要手势点击、手势选择等时候。例如，使用者通过MRTK和HoloLens 2 来进行眼动追踪交互的时候，经常会使用手势交互来充当确认按钮。

4. 语音交互

增强现实的语音交互与实体的语音交互区别不大，都是一种通过语音识别（ASR）、自然语言处理（NLP）、语音合成（Text to Speech，简称TTS）等技术过程而建立的一个交互命令。但是，在增强现实叙事中，语音交互常常和其他交互并用，诸如HoloLens 中常常与视线交互等合并使用。

5. 其他设备的辅助交互

其他设备辅助交互实际上在一定程度上代表着目前增强现实技术的局限性，即目前大多数增强现实叙事作品只是做到了内容的虚实增强，而并未实现真正的交互动作增强。例如，目前市面上的《愤怒的小鸟（AR版）》、*Pokémon GO* 等系列增强现实游戏都基于移动设备的交互，即需要与手机的触屏等辅助进行交互。

连缀互动叙事

游戏理论家弗里德里（Friedl）提出游戏的三种互动方式，即玩家与计算机、玩家与玩家、玩家与游戏内容。其中，玩家与计算机之间的互动是其他两种互动方式能够实现的技术基础，既是硬件层面的互动，也是软件层面的互动。玩家与玩家之间的互动主要基于网络的链接，无论线上网游还是电子竞技，其游戏的目的都是一种行为对抗，是多重叙事模式中的产物。在增强现实叙事中，尽管能够像规划叙事角色中的“增强的游憩者”一样，与其他玩家共同参与某些任务，并达成一种基本的组队、社交功能，但是其叙事的重点仍然还是“玩家与游戏内容”的互动。

从玩家与游戏内容的角度来看，弗里德里将其定义为“以单人游戏为代表，把各种形式的互动性归结到涉及玩家与媒体游戏之间的过程概念上”①。这个互动过程细分为两种类型：其一是玩家从游戏中提取信息，享受游戏开发者提供的音乐、场景、人物、道具、故事文本等。其二是玩家对游戏内容的二度创作。玩家通过与游戏的互动，将自己的行为、目的、动作反映在游戏角色身上，并经游戏的运算获得视觉和听觉上的反馈。②

第一类互动叙事可以归结为一种解构的叙事，即旨在通过互动行为的逻辑阅读一个故事。第一类叙事中的“人物”虽然也是“增强人物”，但人物往往是配角，为增强的物品、增强的空间让步。如图 6-12 所示，加拿大卡尔加里大学的罗真·卡迈勒（Rozhen Kamal Mohammed-Amin）在《增强现实：历史遗址的叙事层》论文中描述了一个名为ALU（Arbela Layers）的应用程序，用于在伊拉克库尔德斯坦地区的埃尔比勒城堡进行增强型探索旅游。③ALU 应用程序可以根据观众的经历定制语言和个性化旅游，带领观众看到埃尔比勒城堡物理层之外的媒介信息，从而使观众理解其从古代到现代不断变化的一系列历史事件的层次，进而证明这个城堡是世界上最长的连续有人居住的定居点。

第二类互动叙事是一种建构的叙事，即旨在通过互动行为的逻辑来影响一个故事。此类叙事中的“增强人物”与游憩者扮演的人物的互动，往往推动着故事的发展。例如，增强现实作品*Homunculus* 是一个基于空间的增强现实故事集，位于多伦多皇后西区Gladstone 酒店及其艺术展览空间的过渡区。④ 在故事中，游憩者必须走遍Gladstone 酒店，与故事中的每一个人

① 弗里德里. 在线游戏互动性理论［M］. 陈宗斌，译. 北京：清华大学出版社，2006：40.

② 关萍萍. 互动媒介论：电子游戏多重互动与叙事模式［D］. 杭州：浙江大学，2010：99-160.

③ MOHAMMED-AMIN R K. Augmented reality：a narrative layer for historic sites［D］. Calgary：University of Calgary，2010.

④ MARTINEZ M. Augmented reality narratives：homunculus：a story at the threshold between physical and virtual worlds［D］. Toronto：OCAD University，2014.

物交谈与互动，从而在增强空间中收集叙事碎片，以理解故事的整体意义。在整个故事中，读一封信会使水位上升，转动指南针会使世界转动，所有元素都需要游憩者进行互动解密。又如，在增强现实作品《尤里乌斯·恺撒神庙》（*The Temple of Divus Iulius*）中，作者设置了一部基于情景模拟的纪录片，用于解释尤里乌斯·恺撒神庙在建造中出现的关键事件。例如，当游憩者行进至神庙门前靠近特殊祭坛的地点时，他会在真实空间中看到一座公元前 29 年建造的遗迹完好如初，在增强空间中他会被要求执行一个交互命令，随即将时间拉回公元前 44 年 3 月 15 日。场景随着时间推移而改变，紧接着游憩者的注意力被声音引导至祭坛的北侧，恺撒大帝的支持者马克·安东尼（Marc Anthony）正在演讲台上表演他的悼词。观众可以走近演讲台，见证这一西方历史上的重大事件——恺撒遇刺之后的神庙。

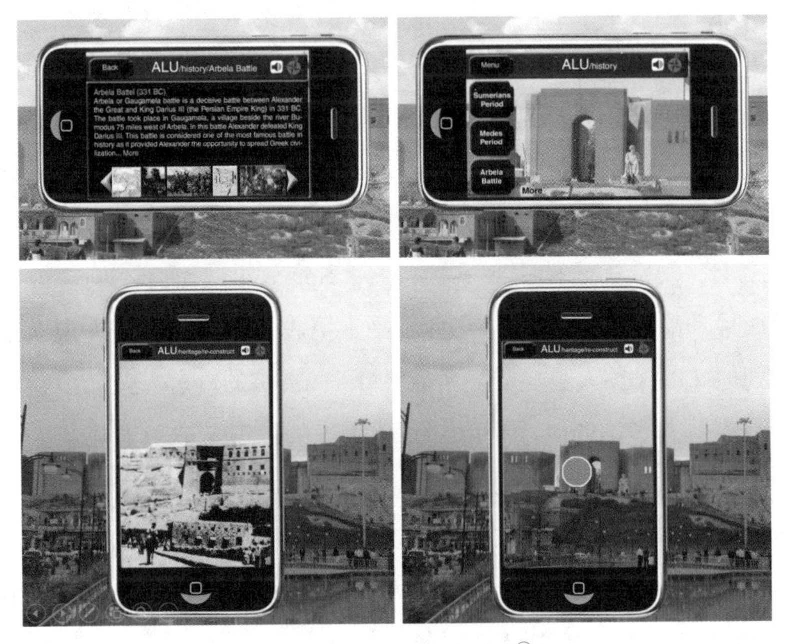

图 6-12　ALU 应用程序[①]

① 图片来源：MOHAMMED-AMIN R K. Augmented reality：a narrative layer for historic sites［D］. Calgary：University of Calgary，2010.

漫威影业为了给新电影《永恒族》预热，提前制作发布了增强现实电影《永恒族：AR 故事体验》。[1] 该作品实际上是为了向观众讲述“永恒族”的背景故事及其几千年以来的英雄事迹，可以被认为《永恒族》的前传，或者是大电影的预告片。

从叙事结构来看，该作品可以分为六个阶段和十五个叙事节点。第一阶段是设备准备阶段，即完成设备的空间适应、空间标记、确定起始点、中心点和叙述底面。此阶段包含其中的第 1、第 2 叙事节点。第二阶段是外部叙事阶段的花瓶场景，故事人物Sprite 最先出现在观众所属的真实场景中（通常是家庭），向观众介绍自己的身份并评论他们的家。正在询问观众名字的时候，发生了全球大地震，接着Sprite 引入主要叙事，即全球地震越来越严重的时候，即将到来的威胁将比灭霸更严重。Sprite 同时分享了永恒族的秘密，并投射出一个花瓶的幻觉，紧接着鼓励观众仔细观察花瓶。当玩家靠近花瓶的时候，Sprite 介绍永恒族是来自奥林匹亚星球的不朽生物。此时花瓶不停旋转，其图案幻化为永恒族的形象，真实场景逐渐黑场，只剩下虚拟影像。此阶段包含其中的第 3—6 叙事节点。第三阶段是内部叙事阶段的天际场景。场景逐渐从黑场变为天际，永恒族的神话人物形象被置于观众之上，观众需要仰视观看。接着，Sprite 继续解释不同永恒族人物的不同属性和能力，重点介绍了Ajak 是永恒族的领袖，并告诉观众她将永恒族带到地球以保护人类免受异常者（Deviants）的侵害。此阶段包含其中的第 7 叙事节点。第四阶段是内部叙事阶段的美索不达米亚场景。为了解释异常者的历史，Sprite 将观众引导到公元前 5000 年的美索不达米亚，发现人类祖先正在逃离异常者。此时，在Makkari、Druig、Kingo、Sersi 等人的营救和与怪物的搏斗中，分别介绍了他们的身份。此阶段包含其中的第 8—12 叙事节点。第五阶段是外部叙事阶段的博物馆场景。Sprite 解释，最后一个异常者在 500 年前被杀，因此他们的勇敢事迹被书写在石碑上，并

① MARVEL STUDIO’S ETERNALS：AR STORY EXPERIENCE［EB/OL］.（2021-11-26）［2022-05-20］. https://www.youtube.com/watch?v=jYUbN_iJrUQ.

被展出纪念。此阶段包含其中的第 13 叙事节点。第六阶段是外部叙事阶段的闯入场景。当Sprite 正在结束她的幻觉时，一个异常者突破了玩家房屋的地板。她让玩家逃跑，一边阻止异常者，一边对自己说，她认为她们已经杀死了所有的异常者，并决定找到Sersi。此阶段包含其中的第 14—15 叙事节点（见图 6-13）。

图 6-13 《永恒族：AR 故事体验》的叙事层级分布和交互行为引导

从叙事步骤来看，该作品主要以内层叙事为主、中层叙事为辅，可以被纳入本书提出的基于“内层叙事”的增强交互设计策略的三层次步骤中。第一步，作品需要规划叙事角色。其中的Sprite 作为主要的叙事贯穿者，呈现出典型的心理型人物观。她既客观地讲述着故事的起因、经过，描述着故事中的神话人物，也主观地询问观众的名字，评论着观众的家庭。Makkari、Druig、Kingo、Sersi 等人物呈现出典型的功能型人物观，只是作为故事情节中出现的叙述人物。第二步，作品需要添加交互行为。作品在第一阶段的设备准备中完成了设备的空间适应、空间标记、确定起始点、中心点和叙述底面，为交互行为的发生奠定了基础，此后在第三、第四阶段通过位置交互、手势交互、其他设备的辅助交互等，推动了剧情发展，完成主线任务的触发。第三步，作品在多要素之间连缀了互动叙事，并呈现出一种建构叙事的结构，即叙事中的“增强人物”与游憩者扮演的人物之间的互动，推动着故事的发展，通过互动行为的逻辑来影响一个故事世界的生成。

第四节　生成事件：基于混合叙事的增强场域设计策略

本书在第五章结尾指出“基于地理位置的增强现实叙事”三种类型的区别，并提出只有场所类叙事是注重地理概念的“地方属性”，并试图通过外层叙事、中层叙事、内层叙事的叙事层级使一个具体的地理概念从“空间”走向“地方”。

所谓“混合叙事”就是将外层叙事、中层叙事、内层叙事三重结构有机联合，使其位于同一增强现实文本中，运用其在结构上的不同排列组合，从而形成增强场域的设计策略。增强现实叙事的“故事”主要分为“故事－事件”与“故事－实存”两个维度。其中，“故事－实存”是首要的，“故事－事件”是次要的。所谓增强现实的事件与情节并不在于这个故事的内容是怎么样的，而在于这个故事应该如何讲述。也就是说，增强现实叙事中的“情节”不是以往小说、电影中的强事件关联，而往往呈现出一种弱事件关联的倾向，即每一个增强现实事件的发生，都为整个情节增加了叙事的碎片。因此，在混合叙事的视野中，叙事结构即情节，即事件。相关的“故事－事件”设置需要附着在一定的叙事结构排列之上。

传统的叙事结构由古希腊哲学家亚里士多德和柏拉图等人提出，直至 20 世纪中后期才成为一个重要的学术概念，被罗兰・巴特、弗拉基米尔・普罗普、约瑟夫・坎贝尔和诺思洛普・弗莱等人重新阐释，认为所有人类的叙事都具有某些普遍的、深刻的、共同的结构元素。如图 6-14 所示，西方的叙事传统提倡三幕式结构（three-act structure），包含设置、对抗和解决三个要素，其后出现的弗赖塔格金字塔、约瑟夫・坎贝尔的“单一神话”（又称为英雄之旅）、费希特曲线等叙事模式均是三幕式结构的变体。如图 6-15 所示，东方的叙事传统（主要涉及中国、韩国、日本等）则提倡“起承转合”（Kishōtenketsu）的逻辑结构。“起”是开端；“承”是承接上文加以申述；“转”是故事的转折，从正反面双向进行立论；“合”则是综合前述要素，从而结束全文。

图 6-14　西方叙事传统中的三幕式结构

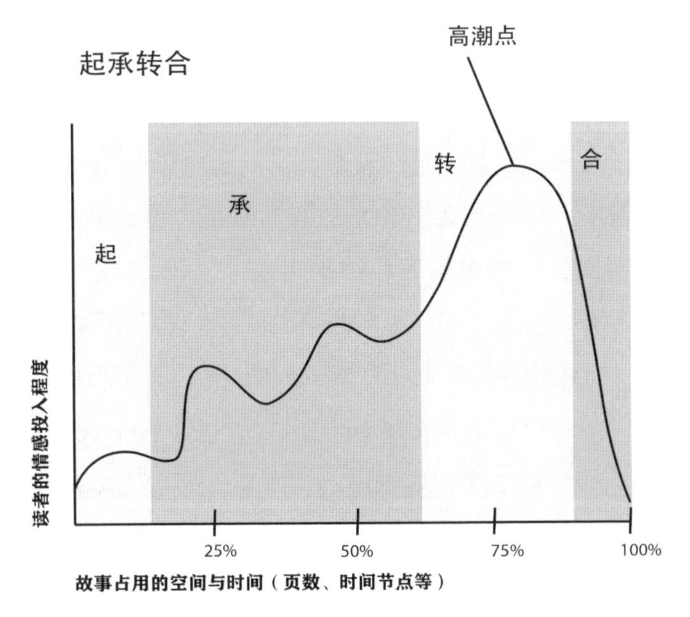

图 6-15　东方叙事传统中的“起承转合”结构

传统的叙事结构概念往往是在人类叙事实践中总结的朴素经验。但是，此后米歇尔·福柯、雅克·德里达（Jacques Derrida）等后结构主义学者认为这种对于叙事深层结构的断言是不可取的。关于叙事结构的问题，在学术界产生了广泛的争论。但终其究竟，叙事结构并不是一种统一定论，而是在不同的叙事媒介中呈现出的不同特点。一般而言，叙事结构主要分为线性叙事（linear narrative）与非线性叙事（nonlinear narrative）、交互叙事（interactive narration）与互动叙事（interactive storytelling）等类别。[①] 线性叙事是最常见的叙事形式，其中事件主要按时间顺序描绘，按照发生的顺序讲述。非线性叙事是一种脱节叙事、打乱叙事的技巧，其中事件不按时间顺序描绘，或以其他方式描绘，其中层叙事不遵循直接因果关系模式。此外，游戏领域出现了两种互动的叙事模式，包括交互叙事和互动叙事两种。前者要求用户积极参与故事中的小游戏以实现叙事的连续性或完整性。后者往往由多条分支结构组成，每条分支结构独立发生发展，用户可根据自己的偏好选择叙事路径。

增强现实叙事无疑作为“互动叙事”的模式而存在，同时也具有空间叙事的特征，呈现出一种复杂的叙事结构形态。当外层叙事、中层叙事、内层叙事三重结构联合的时候，增强现实叙事实际上成为一种更为复杂的“互动叙事”，它既包含建筑的空间叙事，又涵盖电影的图像叙事，还融合了游戏的互动叙事，应该成为一种新的互动叙事类型。从叙事结构来看，玛丽－劳尔·瑞安曾在其多本著作中提出过“互动叙事”模式的结构问题，并从影响话语的互动结构、影响故事的互动结构和影响情节曲线的结构等三个理论方向建构“互动叙事”模式。其中，影响话语的互动结构包括侧枝矢量（the vector with side branches）、完全图（the complete graph）、网络框架（the network）、类似数据库的“海葵”架构（sea-anemone）等；影响故事的互动结构包括树状（the tree）、迷宫（the maze）、流程图（the flowchart）等；影响情节曲线的结构包括隐藏故事（the hidden story）、行

① Wikipedia-Narrative structure [EB/OL] .（2004-08-08）[2022-05-20] . https://en.wikipedia.org/wiki/Narrative_structure#Categories.

动空间（action-space）、辫结结构（the braided plot）等。[①]

行动空间与史诗情节

增强现实的叙事结构主要是对“故事 – 事件”（情节）的生成，因此可基于外层叙事、中层叙事、内层叙事的叠加结构，将其放置在影响情节的结构中，从而完成情节事件的生成。其中，行动空间对应着史诗情节，即将叙事内容主要集中在一种英雄主义的身体行动上（见图 6-16）；隐藏故事对应着认知情节，即叙事内容的目的是引起观众进行探索与调查的欲望；辫结结构对应着戏剧情节，即不断关注由人物发展而来的生活事件、矛盾冲突与关系网络。

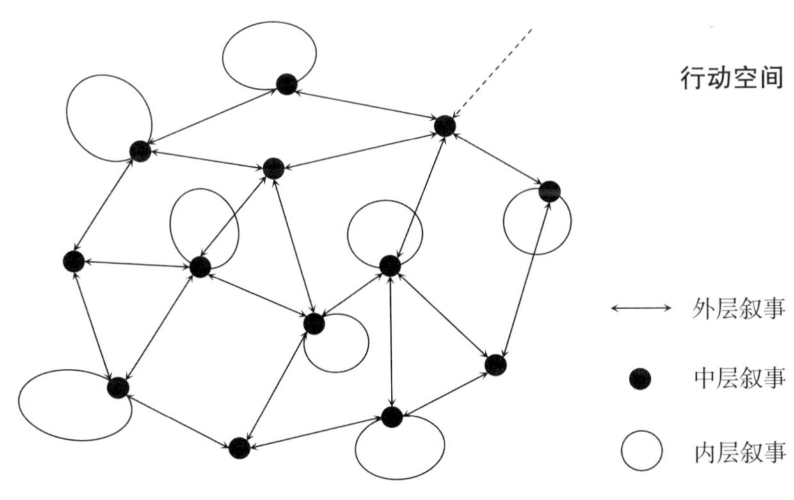

图 6-16　基于行动空间的史诗结构

（作者绘，部分参考影响情节曲线的结构）

如图 6-16 所示，行动空间结构实际上摒弃了总体观的戏剧情节想法，

① 玛丽 – 劳尔·瑞安在《故事的变身》《作为虚拟现实的叙事》《作为虚拟现实的叙事 2：重思文学与电子媒体中的沉浸感和互动性》等理论著作中不断推翻重建关于“互动叙事”模式的叙述，本书对其更新之后的观点进行了梳理与整合。

采用了半自主情节的史诗结构，即用户自由选择任何道路。但当他到达一个站点时，系统会控制他的命运，并将他送入一个独立的冒险中。图中的圆形空间表示虚拟世界的地理位置，节点和链接则对应于该地理位置中的突出站点和访问方式。这样的模式实际上就像玩家进入一个“主题公园”，他们会在基于实体空间所改造的媒介乐园中偶遇不同的冒险。这也像玩家在某个村庄闲逛，他们会遇到一个又一个NPC，NPC 会讨论村庄里的人，甚至给你一个执行任务的机会，从而形成一个由NPC 讲述的背景故事和一系列预定义的游戏任务所组成的故事世界。总体而言，行动空间结构实际上是让观众在一个故事世界中旅行，并依靠地理空间的延伸，增加与更多人物、在更多地点发生故事的机会，从而实现叙事的增殖。

在行动空间结构的生产下，增强现实的三个叙事层级实际上也展现出形成史诗情节的可能性。从叙事节奏来看，外层叙事是结构中的线，通过游憩者在实体空间中漫步，逐渐建立认知地图，形成导向路径；中层叙事是结构中的点，游憩者在空间中搜寻到一个又一个片基热点，形成一种对空间的凝视，对人物的观察，从而将外层叙事过渡到内层叙事；内层叙事是结构中的圆圈，游憩者触发一个片基热点时，随即进入一个体验抑或一场游戏中。三个叙事层级之间的偶然性排列最终形成一种“混合的叙事”。

以基于地理位置的增强现实游戏平台QuestoWorld 为例，设计者通过手机APP 为玩家提供任务线索，以实现对现实城市的旅行探索，并深度结合UGC 内容创作、NFT 和AR 技术，构建一个基于现实城市文旅元素的“故事元宇宙世界”。目前，QuestoWorld 围绕全球 140 余个城市创造了超过300 多款城市探索游戏，并利用文本、图片和视频的组合方式，通过游戏化的解密和叙事让玩家了解城市的历史文化。从空间来看，QuestoWorld 是基于现实城市所形成的场域空间，游憩者必须在真实城市中的指定地点集合，才能开启叙事；每一次的城市探索都有与该地点、城市、国家相关联的叙事主题，包括街头艺术、旧城区、流行文化、历史、民间传说或神话、电影等方面。从叙事来看，游戏设置了多个叙事兴趣点（Point of Interest，

POI），相关的热点既是吸引玩家的方式，也是展示玩家在游玩过程中最受欢迎的位置；玩家将在空间游走的过程中，搜索环境中的细节，解答出诙谐的谜题，解锁密码并破解隐藏线索，以发现新的地方和新的故事。从用户来看，玩家在特定任务中将扮演不同的标志性角色，包括历史名人、政治领袖、标志性虚构人物、魔法师、鬼魂等，甚至扮演自己的元宇宙化身（NFT PFP）[①]。此外，游戏除了由公司进行设计，同时向用户开放了编辑各类城市旅游游戏的创作工具Questo Creators Room，使其可以创建自己的游戏。用户创建的游戏经过系统审核并且由Questo 内部团队提供反馈意见，才能最终在QuestoWorld 上发布。

隐藏故事与认知情节

如图 6-17 所示，"隐藏故事"结构实现了发现游戏世界史前史的想法，并常见于一些解谜故事和互动叙事电子游戏中。该模式主要由两个叙事层级组成，位于底部的"圆圈"是固定的、单线性的、时间导向的故事情节；顶层的"圆点"决定了玩家进行案件调查、侦探活动、碎片搜集等行为的时间网络，是复杂的、多线性的、空间导向的。两个层级之间利用虚线相连，我们可以将顶层的线索碎片与底层的故事情节互相组合，从而重建一个潜在的故事情节动线。这样的模式实际上就像玩家进入一个"犯罪现场"，他们就像在各个空间角落中寻找线索的警察，最终将物证相互关联，从而抓住犯罪真凶。总体而言，"隐藏故事"结构实际上是让观众在一个故事世界中进行解谜，并依靠真实空间的延展性，发现更多空间中的人、物、场线索，从而制造叙事的机会。

---

① 参考https://www.163.com/dy/article/H5I9SN1U055346H8.html。PFP 的英文全文为"Profile Picture"，即个人资料图片、个人头像等。这里特指元宇宙中的个人头像，因此翻译为"NFT PFP"，其案例包括Cryptofunk、Philosophical Foxes 等。

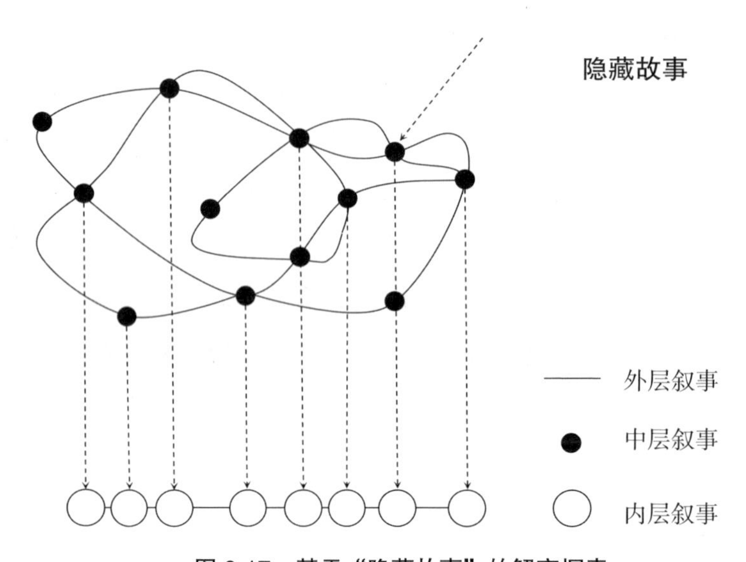

图 6-17　基于“隐藏故事”的解密探索

（作者绘，部分参考影响情节曲线的结构）

在“隐藏故事”结构的生产下，增强现实的三个叙事框架实际上也展现出形成认知情节的可能性。从叙事逻辑来看，外层叙事就是连缀顶层“圆点”的曲线，展现出游憩者在真实空间中反复探索的过程；中层叙事像结构中的顶层“圆点”，游憩者在空间中搜寻到一个又一个片基热点，并由此找到与故事相关联的碎片；内层叙事像结构中的底部“圆圈”，只有进行一定的交互行为触发，游憩者才能真正获得与案件调查、侦探活动事件相关的信息。

以基于地理位置的增强现实叙事作品《小隆的不幸》（*Misadventure in Little Lon*）为例，玩家将以澳大利亚墨尔本维多利亚州立图书馆为起点，在真实的建筑、角落和小巷之间穿行，以帮助破解一桩发生在 1910 年小隆斯代尔街附近的小巷中（该街巷因此得名）的罪案。[①] 在外层叙事层面，作品在接近 2 小时的步行过程中，游憩者将与多位虚拟历史人物交谈，在空间中行走，形成对空间的认知，并能够探索到隐藏在深处的巷道、酒吧和

① Misadventure in little lon [EB/OL] .（2021-03-03）[2022-05-20] . https://truecrimegames.com/misadventure-in-little-lon/.

餐馆。在中层叙事层面，游憩者会在对主人公小隆（Little Lon）进行的考古式挖掘中找到真正的报纸文章和文物，同时通过与具有历史准确性的复杂人物对话，从而对 1910 年墨尔本人民生活方式进行观察。在内层叙事层面，游憩者需要从自己的库存中拿出一些物品或钱币投递给虚拟人物，才能得到回应，包括递给报童一便士才能得到信息，而将打火机递给一个吸烟的人，才能有助于他站在游憩者这边，甚至游憩者在场景中为了确认受害者的身份，需要将手机指向地面，在周围走动，以寻找他们丢失的钱包。最终案件水落石出，欧内斯特·冈特（Ernest Gunter）被送往医院，后来在一场酒吧的斗殴中丧生。这是自卫、报复，还是暴徒袭击？最终，游憩者搜集到足够多的线索，找到一个曾经住在小隆斯代尔街附近的嫌疑人。

辫结结构与戏剧情节

如图 6-18 所示，辫结结构实际上描述一种超越独立角色的叙事，即增强现实叙事中的重要节点是由一组人物及一系列物理事件组成的，不同的人物从不同的角度介入事件之中，从而产生更多的故事。该模式由多条独立的线性叙事组成，玩家通过选择某一条水平线，会进入特定角色的私人世界，并从该特定角度来体验故事。图中，横轴代表时间，纵轴代表空间；同时发生的事件是垂直对齐的，在相同位置发生的事件占据相同的水平坐标。每个圆圈代表着一个物理事件，连接它们的线代表着参与者的不同命运。[①] 按照玛丽－劳尔·瑞安的话来说，这种模式就像有许多窗户的房子，玩家可以在某些特定节点，通过跳出窗户来到另一个房间。总体而言，辫结结构实际上是让一个观众在多个故事世界（或者是多个观众在一个故事

① RYAN M-L. Narrative as virtual reality 2：revisiting immersion and interactivity in literature and electronic media［M］. Baltimore，Maryland：Johns Hopkins University Press，2015：175.

世界）中发生剧情，其重点在于一种联合的多线程叙事，用以丰富故事的超文本表现手法。

辫结结构

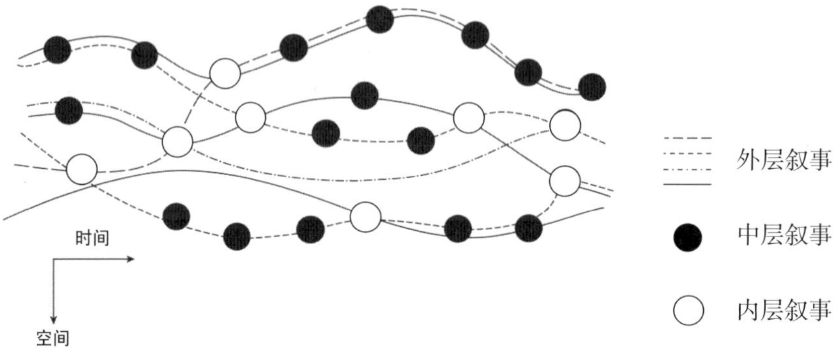

外层叙事
中层叙事
内层叙事
时间
空间

图 6-18　基于辫结结构的链接叙事
（作者绘，部分参考影响情节曲线的结构）

在辫结结构的生产下，增强现实的三个叙事层级实际上也展现出形成“戏剧情节”的可能性。这种基于链接的叙事方式提出两种可能性。第一种是一个观众位于多个故事世界中，其中外层叙事就是不同类型的线条，它们主要展现出多个线性叙事动线的情节走向，同时展现了游憩者对不同叙事动线的选择；中层叙事是结构中的圆点，游憩者在选定一个叙事动线之后，在空间中激发该叙事动线的其他热点剧情；内层叙事像前文提到的窗户，能够通过不同属性的交互行为进入另一条叙事动线。第二种是多个观众在一个故事世界，其中外层叙事是不同类型的线条，代表多个不同的观众；中层叙事是不同观众在自己的叙事动线中的情节走向；内层叙事代表着该叙事节点需要多个观众进行联合交互，从而共同推动剧情发展。

以基于故宫的增强现实叙事作品《故宫秘境》[①] 为例，作品描述了观众在故宫之旅中偶然触碰了午门外被封印的日晷，从而使星象巨变，斗转星移，中轴线出现裂缝，以至于观众需要在“穿越日”活动中搜集金、木、水、火、土五行力量，从而使众星归位，补齐中轴线裂缝的故事。图 6-19 为《故宫秘境》的交互逻辑图，作品设置了 15 个重要的叙事点位。按照观众在第 5 点位的选择，整个《故宫秘境》将分为故宫金境、故宫木境、故宫水境、故宫火境、故宫土境等五种不同的体验。根据辫结结构的第二种可能性，所有的观众处于一个故事世界文本中，并利用五行之门、太和脊兽、玄武再现等探索出一种“链接叙事”的可能性。例如，选择故宫水境的观众在第 1、2、3、4、8、10、12、14 点位的体验与选择其他秘境的观众交互体验相同，但是在第 5、7、9、11、13、15 点位的体验则是符合水境特色的体验，而第 6 点位的交互体验则需要五个秘境的观众合力完成，从而推动叙事的发展。

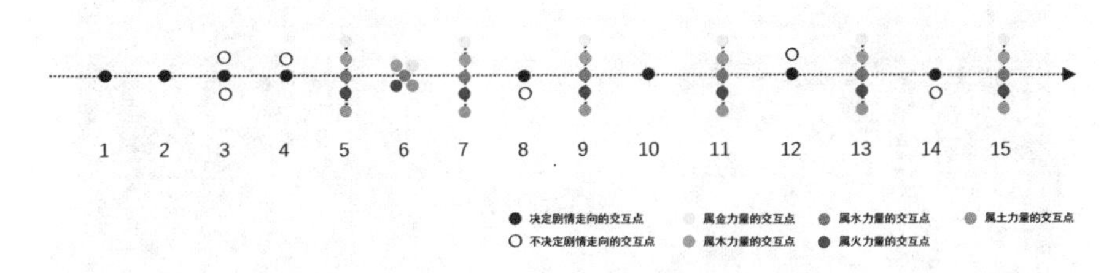

图 6-19　基于辫结结构的交互逻辑图

（作者绘）

① 该作品使用的设计图片版权均来源于故宫博物院官网中的开源素材，包括“全景故宫”板块的场景截图，“藏品”板块中的绘画、书法等文物资源，“文创”板块中的故宫游戏等。作品使用的色系与色卡来自《中国传统色：故宫里的色彩美学》一书。

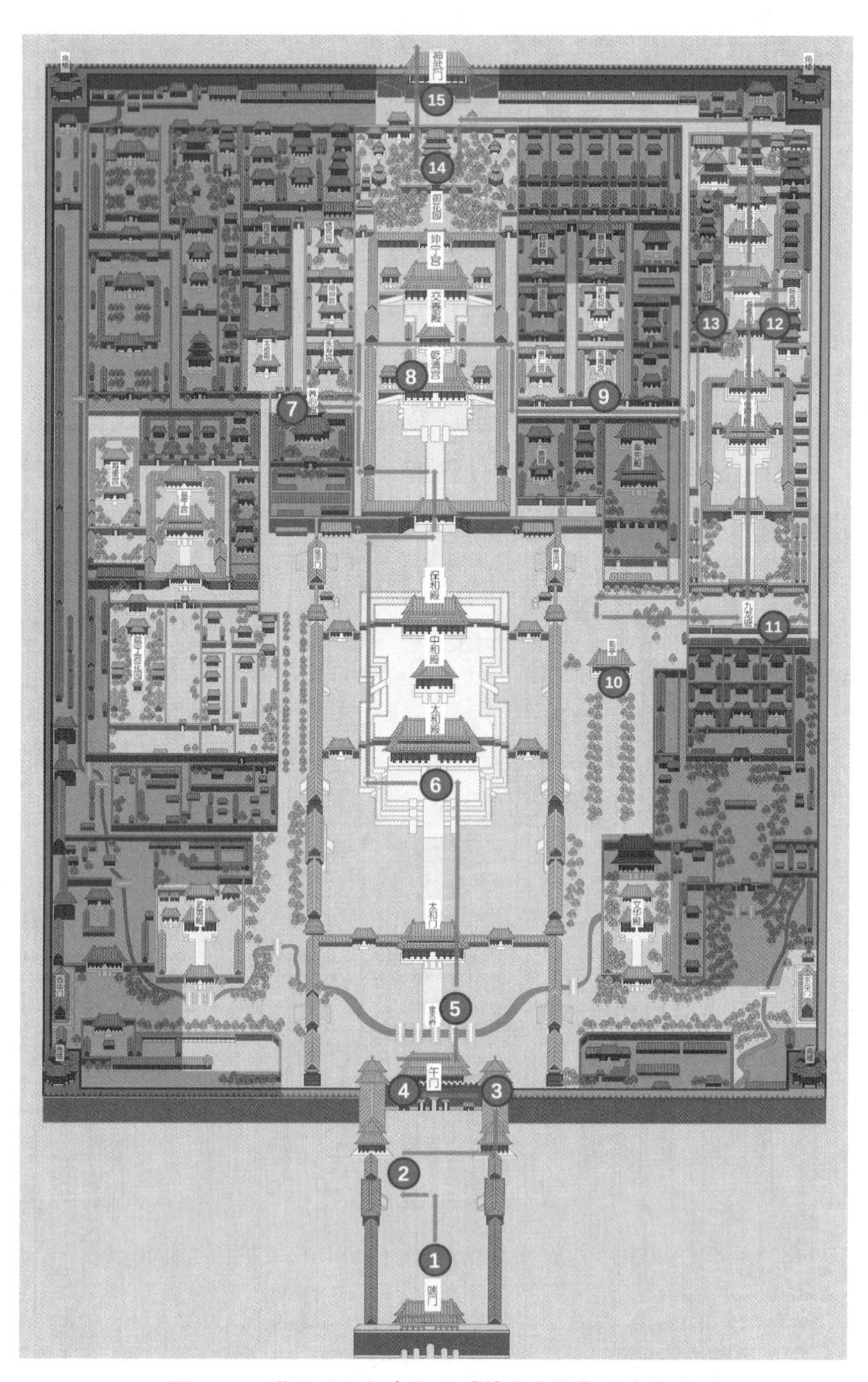

图 6-20　增强现实叙事作品《故宫水境》的点位图
（作者绘）

图 6-21　增强现实叙事作品《故宫水境》的部分效果图

（作者绘）

第七章

迈向总体艺术的可能性

Towards to the Possibility of Gesamtkunstwerk

布伦达·劳雷尔（Brenda Laurel）认为，互动故事就像“一只我们可以去想象却尚未捕捉到的独角兽”一样，很多时候我们难以在互动的时候去穿透故事的核心。[①] 理论家们也不约而同地使用了“圣杯”（Holy Grail）一词来描述对叙事与互动媒介、沉浸与交互等概念融合的愿景。叙事学家理查德·沃尔什将自生叙事看作当代游戏设计的圣杯，即对叙事满足和玩家自主性之间的相互冲突的价值的调和。[②] 玛丽－劳尔·瑞安追求的是互动、沉浸和叙事三者结合的梦想，其中蕴含了对“总体艺术”（total art）的呼唤。[③] 尽管目前市面上还没有出现大量的将沉浸诗学与交互诗学完美结合的叙事作品，但是增强现实技术媒介实际上为迈向总体艺术的“圣杯”带来了一种全新的可能性，同样是一种对“终极叙事”的想象追寻。

在这个发展的过程中，增强现实叙事研究并不是一个理论终点，而是关于“增强空间”的理论起点。本书在增强现实技术的媒介考古中将其界定在“从镜子向艺术”的过渡阶段，增强现实在技术层面、设计层面、商业层面的多维度发展还未能形成一定的合力。增强现实媒介想要实现艺术阶段的飞跃，不但需要能够复制现实，而且需要能够以富有想象力的方式

① LAUREL B. Utopian entrepreneur［M］. Cambridge，Massachusetts：The MIT Press，2001：72.

② WALSH R. Emergent narrative in interactive media［J］. Narrative，2011，19（1）：72.

③ 张新军. 数字时代的叙事学：玛丽－劳尔·瑞安叙事理论研究［M］. 成都：四川大学出版社，2017：179.

重组现实，尤其需要利用好“空间”与“媒介”结合的叙事路径，建立类似于蒙太奇之于电影一样的叙事体系。面向未来，增强现实叙事将继续从内容、叙事、平台等多个维度发展。

第一，在内容层面，迈向更丰富的应用场景。研究公司纬度（Latitude）对数百人进行调查走访，生成了一份名为《叙事的未来》的报告，探索当今媒介叙事的未来走向。[①] 报告指出，媒介叙事的四个“I”元素长期扮演着关键作用，包括沉浸（immersion）、交互（interactivity）、整合（integration）以及影响（impact），其中的沉浸与交互是引导受众深度融入媒介叙事的手段，而整合和影响则是将故事从屏幕向现实生活中拓展的渠道。研究还发现，故事与内容向现实转移是媒介叙事未来的重要发展方向，比如当前火热的增强现实、3D 技术等都利用好了现实世界这个“平台”。在各类技术研究人员不断克服增强现实的技术障碍，并减少技术因素的负面影响的同时，亟待开展与技术相匹配的内容层面的研究，尤其是利用增强现实的叙事性设计介入具体空间的研究。相关的增强现实叙事的空间议题将延伸到更广阔的领域，包括作为电子涂鸦的增强现实艺术、作为镜像世界的增强现实城市等。以增强现实电影为例，本书的相关案例有由漫威影业出品的增强现实电影《永恒族：AR 故事体验》。艾美奖得主、导演利奈特·沃尔沃思说，未来电影的叙事因为新的虚拟现实、增强现实技术而改变，将有更多新的方式探索人类意识的多元化。与其他艺术形态相比，新的感知体验可以更好地展现出人类意识上的差异。[②]

第二，在叙事层面，走入更加具身化的未来媒介叙事。我们相信，在增强现实媒介技术不断发展的当下，增强现实叙事理论与设计方法将不断迭代升级，主要体现在以下几点。其一，从叙事本体来看，增强现实叙事

---

① 媒介叙事的未来：沉浸、交互和整合、影响［EB/OL］.（2012-08-20）［2022-05-20］. https://www.ifanr.com/137901.

② 20 年后的电影会是什么样？［EB/OL］.（2019-05-10）［2022-08-20］. https://www.shobserver.com/ydzx/html/150211.html.

具有一种原始化、具身化的叙事倾向，能够引领人们回到一种原始的叙述状态，从而激发一种在具体空间中想要诠释环境、揭示隐藏故事、发现某种意义的原始冲动。其二，从交互技术来看，增强现实媒介致力于朝着“仿造现实”的自然化交互模式发展，尽管目前的技术诸多受限，但是朝着这一目标发展的倾向不会改变。其三，从叙事受众来看，增强现实叙事模式实际上对应着一种新的“使用与满足的理论”。萨尔瓦多·布埃诺（Salvador Bueno）等人在文章中利用传统的“使用与满足的理论”对增强现实游戏进行了分析，提出“享受、幻想、逃避、社会互动、社会存在、成就、自我呈现和持续意图”等八个结构。其四，从叙事模式来看，在外层叙事、中层叙事、内层叙事三者相互融合的情况下，增强现实叙事将朝着更加完整的叙事路径发展。

第三，在平台层面，探索元宇宙的出入口。增强现实作为一个整合感知的平台，实际上是把虚拟影像“嵌套”在现实空间之上的“再媒介化”过程，从而生产出种种重构日常视觉经验的“2.5 次元”景观。在元宇宙的相关概念中，增强现实、虚拟现实、脑机接口常常被认为是人类能够进入元宇宙的三个重要接口。在这三者中，增强现实在访问便利性、内容更迭性、现实依存性等方面具有优势。脸书（Facebook）在将名字替换为Meta的时候，其宣言的标题指出“元宇宙是一场反乌托邦的噩梦，让我们建立一个更好的现实”。国外商业网站Wired 也发表了专题文章《AR 是真正的元宇宙将要发生的地方》[①]。我们相信，增强现实及其叙事体系将运用到游戏、电商、办公、社交、健身、医疗、视频等更多的元宇宙应用场景中，在平台层面实现走向整合的设计方式。

当本书即将付梓的时候，最新一波的人工智能技术革命刚刚开始。我们希望本书成为人工智能生成内容（Artificial Intelligence Generated

① AR is where the real metaverse is going to happen [EB/OL]. (2021-11-08) [2022-08-20]. https://www.wired.com/story/john-hanke-niantic-augmented-reality-real-metaverse/.

Content，简称AIGC）技术迭代之前增强现实叙事领域较为完备的学术书籍，同时期望AIGC 技术在内容、叙事、平台等多方面为增强现实带来更多的可能性。

参考文献

［1］段义孚. 恋地情结［M］. 志丞，刘苏，译. 北京：商务印书馆，2018.

［2］赵毅衡. 广义叙述学［M］. 成都：四川大学出版社，2013.

［3］马诺维奇. 新媒体的语言［M］. 车琳，译. 贵阳：贵州人民出版社，2020.

［4］瑞安. 故事的变身［M］. 张新军，译. 南京：译林出版社，2014.

［5］伯格. 媒介与传播研究方法：质化与量化研究导论［M］. 张磊，译. 4 版. 北京：中国传媒大学出版社，2021.

［6］林奇. 城市意象［M］. 方益萍，何晓军，译. 北京：华夏出版社，2001.

［7］莱辛. 拉奥孔［M］. 朱光潜，译. 北京：人民文学出版社，1979.

［8］黄鸣奋. 数码艺术潜学科群研究：全 4 册［M］. 上海：学林出版社，2014.

［9］蒙莫尼尔. 会说谎的地图［M］. 黄义军，译. 北京：商务印书馆，2012.

［10］诺伯舒兹. 场所精神：迈向建筑现象学［M］. 施植明，译. 武汉：华中科技大学出版社，2010.

［11］帕帕扬尼斯. 增强人类：技术如何塑造新的现实［M］. 肖然，王晓雷，译. 北京：机械工业出版社，2018.

［12］齐林斯基. 媒体考古学：探索视听技术的深层时间［M］. 荣震华，译. 北京：商务印书馆，2006.

［13］古特. 重返风景：当代艺术的地景再现［M］. 黄金菊，译. 上海：华东师范大学出版社，2014 .

［14］米切尔. 风景与权力［M］. 杨丽，万信琼，译. 南京：译林出版社，2014.

［15］米切尔. 伊托邦：数字时代的城市生活［M］. 吴启迪，乔非，俞晓，译. 上海：上海科技教育出版社，2005.

［16］德布雷. 图像的生与死：西方观图史［M］. 黄迅余，黄建华，译. 上海：华东师范大学出版社，2014.

［17］高名潞. 西方艺术史观念：再现与艺术史转向［M］. 北京：北京大学出版社，2016.

［18］莫斯可. 数字化崇拜：迷思、权力与赛博空间［M］. 黄典林，译. 北京：北京大学出版社，2010.

［19］克莱普顿，埃尔顿. 空间、知识和权力：福柯与地理学［M］. 莫伟民，周轩宇，译. 北京：商务印书馆，2021.

［20］巴什拉. 空间诗学［M］. 龚卓军，王静慧，译. 北京：世界图书出版公司，2017.

［21］龙迪勇. 空间叙事学［M］. 北京：生活 · 读书 · 新知三联书店，2015.

［22］巫鸿. “空间”的美术史［M］. 钱文逸，译. 上海：上海人民出版社，2018.

［23］屈米. 建筑概念：红不只是一种颜色［M］. 陈亚，译. 北京：电子工业出版社，2014.

［24］波泰格，普灵顿. 景观叙事：讲故事的设计实践［M］. 张楠，许悦萌，汤丽，等译. 北京：中国建筑工业出版社，2015.

［25］唐宏峰. 透明：中国视觉现代性（1872—1911）［M］. 北京：生活 · 读书 · 新知三联书店，2022.

［26］格雷厄姆，库克. 重思策展：新媒体后的艺术［M］. 龙星如，译.

北京：清华大学出版社，2016.

［27］奥库斯坦奈斯. 增强现实：技术、应用和人体因素［M］. 杜威，译. 北京：机械工业出版社，2017.

［28］阿恩海姆. 视觉思维：审美直觉心理学［M］. 滕守尧，译. 成都：四川人民出版社，1998.

［29］张江南，王惠. 网络时代的美学［M］. 上海：上海三联书店，2006.

［30］怀特海. 过程与实在［M］. 周邦宪，译. 贵阳：贵州人民出版社，2006.

［31］迪尔. 后现代都市状况［M］. 李小科，等译. 上海：上海教育出版社，2004.

［32］梅洛－庞蒂. 知觉现象学［M］. 姜志辉，译. 北京：商务印书馆，2001.

［33］麦克卢汉，秦格龙. 麦克卢汉精粹［M］. 何道宽，译. 南京：南京大学出版社，2000.

［34］海姆. 从界面到网络空间：虚拟实在的形而上学［M］. 金吾伦，刘钢，译. 上海：上海科技教育出版社，2000.

［35］派恩二世，科恩. 湿经济［M］. 王维丹，译. 北京：机械工业出版社，2012.

［36］迈尔斯. 心理学导论：生物、发展与认知心理学［M］. 黄希庭，等译. 北京：商务印书馆，2019.

［37］蒋述卓. 现代视野下的文艺研究与文学批评［M］. 北京：商务印书馆，2017.

［38］朱其. 新艺术史与视觉叙事［M］. 长沙：湖南美术出版社，2003.

［39］莱文森. 思想无羁［M］. 何道宽，译. 南京：南京大学出版社，2003.

［40］霍洛克斯. 麦克卢汉与虚拟实在［M］. 刘千立，译. 北京：北京大学出版社，2005.

［41］韦伯. 社会科学方法论［M］. 李秋零，田薇，译. 北京：中国人民大学出版社，1999.

［42］莱克维茨. 独异性社会：现代的结构转型［M］. 巩婕，译. 北京：社会科学文献出版社，2019.

［43］希翁. 视听［M］. 黄英侠，译. 3 版. 北京：北京联合出版公司，2014.

［44］巴特. 罗兰・巴特随笔选［M］. 怀宇，译. 天津：百花文艺出版社，2005.

［45］萨杜尔. 电影艺术史［M］. 徐昭，陈笃忱，译. 北京：中国电影出版社，1957.

［46］靳铭宇. 褶子思想，游牧空间：数字建筑生成观念及空间特性研究［D］. 北京：清华大学，2012.

［47］胡小安. 虚拟技术若干哲学问题研究［D］. 武汉：武汉大学，2006.

［48］范文娟. 移动终端交互系统中的三维雕塑动画展示技术研究［D］. 上海：上海交通大学，2015.

［49］胡媛媛. 新媒体时代艺术的审美性研究：以动画艺术为例［D］. 南京：东南大学，2015.

［50］何力. 增强现实技术及其在设计展示中的应用研究［D］. 武汉：湖北工业大学，2017.

［51］吴猛. 虚拟工业设计的非物质探索及其美学研究［D］. 济南：山东大学，2008.

［52］付东. 面向增强现实的三维场景实景映射关键技术研究［D］. 北京：中国科学院大学（中国科学院空天信息创新研究院），2022.

［53］董嘉棋. 增强现实环境下的人机交互手势识别与应用研究［D］. 上海：上海交通大学，2022.

［54］马威. 基于场景理解的室内增强现实可视化研究［D］. 武汉：

武汉大学，2018.

［55］陈明. 增强现实虚实交互的若干关键问题研究［D］. 上海：上海大学，2009.

［56］叶维廉. "出位之思"：媒体及超媒体的美学［C］// 叶维廉. 中国诗学（增订版）. 合肥：黄山书社，2016：199-234.

［57］周宪. 艺术跨媒介性与艺术统一性：艺术理论学科知识建构的方法论［J］. 文艺研究，2019（12）：18-29.

［58］陈先红，宋发枝. 跨媒介叙事的互文机理研究［J］. 新闻界，2019（5）：35-41.

［59］龙迪勇. 从图像到文学：西方古代的"艺格敷词"及其跨媒介叙事［J］. 社会科学研究，2019（2）：164-176.

［60］高薇华，石田. 间性思维下的跨媒介故事世界建构［J］. 现代传播（中国传媒大学学报），2021，43（8）：89-93.

［61］曹凯中，罗培萍，王卉. 虚拟更新：数字媒介艺术在历史文化空间改造中的应用研究［J］. 中国名城，2021，35（2）：19-23.

［62］龙迪勇. 模仿律与跨媒介叙事：试论图像叙事对语词叙事的模仿［J］. 学术论坛，2017，40（2）：13-27.

［63］周雯，徐小棠. 电影化虚拟现实叙事形式及其叙事要素探析［J］. 当代电影，2022（1）：96-103.

［64］陆邵明. 场所叙事：城市文化内涵与特色建构的新模式［J］. 上海交通大学学报（哲学社会科学版），2012，20（3）：68-76.

［65］陆邵明. 浅议景观叙事的内涵、理论与价值［J］. 南京艺术学院学报（美术与设计），2018（3）：59-67，209.

［66］原平方，牛海荃. AR 游戏叙事：一个视听新媒体与AR 黑科技融合的产物——以韩剧《阿尔罕布拉宫的回忆》为例［J］. 中国传媒科技，2019（3）：18-21.

［67］罗晓晴，李栋宁. 重回身体：数字时代博物馆增强现实展示研究

[J]. 东南文化，2023（5）：159-166.

[68] 陈烁，范含雪，江梦婷. 基于CiteSpace 技术的增强现实在文化遗产领域的知识图谱分析研究 [J]. 包装工程，2023，44（16）：315-329.

[69] 杨晓新，杨海平. 泛在与智能：增强现实出版空间建构逻辑 [J]. 编辑之友，2022（6）：16-20.

[70] 陈娟娟，周玉婷，翟俊卿. 虚拟现实技术和增强现实技术在博物馆学习中的应用 [J]. 现代教育技术，2021，31（10）：5-13.

[71] 王飞. 从全视到奇观：一个关于视觉与空间感知的再现研究 [J]. 时代建筑，2008（3）：38-43.

[72] 王虹亚，李栋宁. 身体现象学视域下的增强现实空间艺术设计方法研究 [J]. 南京艺术学院学报（美术与设计），2021（1）：150-157.

[73] 郭健，陈辉，徐旺，等. 应用模式的增强现实地图内容表达研究 [J]. 测绘科学技术学报，2020，37（5）：516-524，530.

[74] 王峥. 移动增强现实技术在现代博物馆当中的运用研究 [J]. 南京艺术学院学报（美术与设计），2020（5）：180-182.

[75] 韩模永. 增强现实与空间转向：网络文学的场景书写及其审美变革 [J]. 文艺理论研究，2019，39（4）：33-38.

[76] 龚子仪，吴琼，范红. 灰岛：触觉感知增强现实交互装置 [J]. 装饰，2019（6）：22-23.

[77] 康丽娟. 增强现实在文化遗址展示中的运用研究 [J]. 装饰，2018（3）：97-99.

[78] 陈鹏，孔凯. 增强现实技术应用于展示艺术的探索 [J]. 美术大观，2018（3）：126-127.

[79] 崔晋. 增强现实技术在非物质文化遗产中的传播应用：以“太平泥叫叫”交互展示为例 [J]. 传媒，2017（22）：80-82.

[80] GRAU O. Virtual art：from illusion to immersion [M]. Cambridge，Massachusetts：The MIT Press，2004.

[81] RUSH M. New media in late 20th—century art [M] . London: Thames and Hudson, 1999: 168.

[82] SOJA E W. Postmodern geographies: the reassertion of space in critical social theory [M] . London: Verso, 1989.

[83] SILVERSTONE R. Television and everyday life [M] . London and New York: Routledge, 1994.

[84] NEGROPONTE N. Being digital [M] . New York: Random House Inc., 1996.

[85] EISENMAN P. Unfolding events: Frankfurt rebstock and the possibility of a new urbanism [J] . Unfolding Frankfurt, 1991: 8-17.

[86] PRYSS R, GEIGER P, SCHICKLER M, et al. Advanced algorithms for location-based smart mobile augmented reality applications [J] . Procedia computer science, 2016, 94: 97-104.

[87] PARSONS L M. Integrating cognitive psychology, neurology and neuroimaging [J] . Acta psychologica, 2001, 107 (1-3): 155-181.

[88] EPSTEIN R. Consciousness, art, and the brain: lessons from Marcel Proust [J] . Consciousness and cognition, 2004, 13 (2): 213-240.

[89] GALIN D. Aesthetic experience: Marcel Proust and the neo-Jamesian structure of awareness [J] . Consciousness and cognition, 2004, 13 (2): 241-253.

[90] THRIFT N. Movement-space: the changing domain of thinking resulting from the development of new kinds of spatial awareness [J] . Economy and society, 2004, 33 (4): 582-604.

[91] MATSUDA K. Domesti/city—the dislocated home in augmented space [D] . London: University College London Bartlett, 2010.

[92] JORDAN B. Blurring boundaries: the "real" and the "virtual" in hybrid spaces [J] . Human organization, 2009, 68 (2): 181-193.

［93］LIBERATI N. Phenomenology，Pokémon Go，and other augmented reality games：a study of a life among digital objects［J］. Human studies，2018，41（2）：211-232.

［94］SILVA A S. Playing life and living play：how hybrid reality games reframe space，play，and the ordinary［J］. Critical studies in media communication，2008，25（5）：447-465.

［95］LICHTY P. The aesthetics of liminality：augmentation as artform［C］//ACM SIGGRAPH 2014 Art Gallery.［S.l.：s.n.］，2014：325-336.

［96］AZUMA R. Location-based mixed and augmented reality storytelling［M］//BARFIELD W. Fundamentals of wearable computers and augmented reality. New York：CRC Press，2015：259-276.

［97］RETIK A，O'CONNOR N. Application of augmented reality in construction［C］//Proceedings of the international conference on information visualisation. New York：IEEE，1998.

［98］AZUMA R T. A survey of augmented reality［J］. Presence of teleoperators & virtual environments，1997，6（4）：355-385.

［99］DIAS L，COELHO A，RODRIGUES A，et al. GIS2R—augmented reality and 360 panoramas framework for geomarketing［C］//Proceedings of the 2013 8th Iberian Conference on Information Systems and Technologies（CISTI）. New York：IEEE，2013：1-5.

［100］MILGRAM P，TAKEMURA H，UTSUMI A，et al. Augmented reality：a class of displays on the reality-virtuality continuum［C］// Telemanipulator and telepresence technologies. Bellingham，Washington：Spie，1995：282-292.

图书在版编目（CIP）数据

作为“分层”的增强现实叙事学 / 陈焱松著. 北京：中国国际广播出版社，2024.10. --ISBN 978-7-5078-5665-1

Ⅰ. TP391.98

中国国家版本馆CIP数据核字第2024C752K4号

作为“分层”的增强现实叙事学

著　　者	陈焱松
责任编辑	霍春霞
校　　对	张　娜
版式设计	邢秀娟
封面设计	王露晗　赵冰波
出版发行	中国国际广播出版社有限公司［010-89508207（传真）］
社　　址	北京市丰台区榴乡路88号石榴中心2号楼1701 邮编：100079
印　　刷	北京启航东方印刷有限公司
开　　本	710×1000　1/16
字　　数	200千字
印　　张	13
版　　次	2024 年 11 月　北京第一版
印　　次	2024 年 11 月　第一次印刷
定　　价	68.00 元